COCOLILLY
RETRO
KNIT

코코릴리의
레트로 니트

지은이 정영경
펴낸이 정규도
펴낸곳 황금시간

초판 1쇄 발행 2023년 3월 27일

편집 권명회
디자인 ALL designgroup
사진 한정수
모델 신소현
스타일링 이승은
스타일링 어시스턴트 박하은
헤어, 메이크업 터치앤체인지 김수정
작품 제작 도움 고은아, 신주영
감수 공은경, 최현진
일러스트 정영경

황금시간
Golden Time
주소 경기도 파주시 문발로 211
전화 (02)736-2031(내선 360)
팩스 (02)738-1713
인스타그램 @goldentimebook

출판등록 제406-2007-00002호
공급처 (주)다락원
구입 문의 **전화** (02)736-2031(내선 250~252)
         팩스 (02)732-2037

Copyright ⓒ 2023, 정영경

값 22,000원
ISBN 979-11-91602-38-8   13590

COCOLILLY
RETRO
KNIT

코 코 릴 리 의

레 트 로 니 트

따뜻한

추억을 뜨는 시간

정영경 지음

황금
시간

PROLOGUE

손뜨개 디자이너 혹은 니트 디자이너라 부르기도 하고 손뜨개 전문가나 손뜨개 작가라는 호칭도 사용하지만, 딱 하나로 정해진 이름은 없는 것 같습니다. 공방이나 강의실에서는 '강사'나 '쌤'으로 불리지요. 네, 바로 저의 직업입니다. 평범한 니터로 시작해 뜨개를 업으로 삼은 지 올해로 22년이 되었습니다. 돌아보니 짧지 않은 세월이네요. 좋아하는 일을 이렇게 오래 해올 수 있었던 것은 큰 행운이라 생각합니다.

최근 몇 년 동안 기회가 닿아 그동안 해온 작업을 서너 권의 책으로 엮을 수 있었습니다. 여러 선생님과 같이 작업한 책도 있고 혼자 쓴 책도 있고요. 덕분에 저와 같은 뜨개 취미를 지닌 전국의 독자 분들을 만날 수 있어 늘 감사했습니다. 어떤 주제의 작업이든 책으로 엮는 일은 설레고 즐겁고 긴장되지요. 영광도 보람도 책임감도 아쉬움도, 가슴 속에 인장처럼 선명하게 남곤 합니다.

이번 책은 꾸준히 오래 사랑 받고 있는 레트로 무드를 콘셉트로, 목도리, 모자, 가방 같은 패션 소품들과, 쉽게 떠서 멋지게 입을 수 있는 조끼들로 구성해 보았어요. 겉뜨기, 안뜨기만 할 줄 알아도 가능한 작품부터 찬찬히 따라하면 완성할 수 있는 아란무늬 작품까지 '초보라도 두렵지 않은' 니트들로 다양하게 준비했습니다. 그러데이션 실을 사용해 한두 가지 기법만으로 떠도 멋스러운 조끼, 두어 가지 실을 합사해 만드는 목도리, 대바늘, 코바늘로 뜨는 모자, 넥워머와 핸드워머, 발라클라바, 가죽 DIY 키트와 뜨개판으로 완성하는 가방 등 전통적이면서도 트렌디한, 다양한 패션 소품을 담았습니다.

도안을 그리면서 작품을 뜨면서, 재미있고 행복했습니다. 이런 즐거움을 더 많은 분들과 나누고 싶다는 마음으로 열심히 작업했습니다. 초보 분이라면 훌렁훌렁 떴는데 근사하게 완성되는 작품들로 자신감을 얻으셨으면 좋겠습니다. 좀 어려워 보이는 작품이라 해도 겁먹지 않고 설명을 따라 하나하나 뜨다 보면 어느 순간 실력이 업그레이드되실 거라 확신합니다.

책을 쓰는 동안 응원해 준 사랑하는 가족들, 작품 제작에 도움 주신 고은아, 신주영 선생님, 감수를 맡아 주신 공은경, 최현진 선생님, 언제나 제 편인 코코릴리 공방 수강생님들, 황금시간 출판사 관계자 분들, 협찬사 관계자 분들, 그리고 이 책을 선택해 주신 독자 여러분께 감사드립니다.

코코릴리 정영경

CONTENTS

HOW TO MAKE

만드는 방법

BASICS 손뜨개의 기초

그러데이션 목도리

그러데이션 실의 매력에 기대면 돼요. 단 하나의 기법만으로 쉽게 완성합니다.

버블 목도리
메리야스뜨기로 연출하는 포인트 아이템입니다.

레이스무늬 목도리

보석처럼 반짝거리는 실을 사용해서 은은하게 화려해요.

넣음 목도리

끝부분을 고리에 넣어 여밀 수 있는 귀여운 목도리예요.

스웨터 숄

작은 스웨터를 걸친 것처럼 따뜻하고 멋스러워요.

노트무늬 넥워머와 핸드워머 세트

예쁜 무늬를 넣었지만 뜨기 어렵지 않아요. 멋내기에 좋은 세트 소품이죠.

발라클라바

넥워머와 후드 역할을 동시에 하는 매력적인 아이템이에요.

네온 비니

네온 컬러 실로 경쾌한 느낌을 내본 비니예요.

꽈배기 버킷햇
대바늘 교차뜨기 무늬를 넣어 귀여운 느낌을 더한 챙모자입니다.

솔리드 버킷햇

남녀 누구에게나 어울리는 기본 벙거지 형태 모자예요.
밋밋하지 않게 트위드 느낌의 실을 썼어요.

심플 베스트

손뜨개 초보의 첫 완성작으로 갖추는 조끼예요.

옆트임 베스트

뜨기 쉽고 입기 편해요. 그러데이션 실로 자연스럽게 무늬를 넣었습니다.

아란무늬 판초 베스트

고급스러운 아란무늬와 디자인이 눈길을 끄는 판초 스타일 조끼예요.

후드 집업 베스트

겉뜨기와 안뜨기만 알아도 뜰 수 있어요. 찬바람 부는 계절 레이어드하기 좋은 베스트예요.

모티브 로브

꽃무늬 모티브를 연결해
만드는 로브예요.
루즈 핏이 멋스러운
최강 패션 아이템입니다.

아란무늬 에코백

코바늘로 뜨면서 대바늘 무늬뜨기 느낌을 낸 에코백이에요.

배색 크로스백

배색 무늬가 뒤틀리지 않고 곧게 정렬하도록 '변형 짧은 이랑뜨기'로 뜹니다.
시판 가죽 부자재를 활용해 다양한 백을 만들어볼 수 있어요.

격자무늬 클러치백
밍크를 격자로 엮어 넣은 듯한 클러치백이에요. 포인트 아이템으로 좋아요.

HOW TO MAKE

COCOLILLY
RETRO
KNIT

그러데이션
목도리

무지갯빛 사랑이 하늘하늘 피어날 것만 같은 이 목도리는 겉뜨기 기법만 알면 누구나 가터뜨기로 쉽게 완성할 수 있어요. 기법은 단순하지만 시각적으로 돋보이는 그러데이션 실을 사용하고 양 끝에 크고 작은 털방울을 달아 경쾌한 느낌을 더했어요.

사이즈	너비 25cm, 길이 207cm
사용한 실	리코(RICO) 크리에이티브 멜란지 청키(Creative Melange Chunky) 015번(파란 그러데이션 색) 300g, 리코 크리에이티브 소프트울 아란(Creative Soft Wool Aran) 001번(크림색) 200g
바늘	줄바늘 8mm 1개, 모사용 코바늘 6/0호 1개

기타 준비물	가위, 돗바늘, 두꺼운 종이(방울 제작용)
게이지	가터뜨기 10코×16단
난이도	◆

• 겉뜨기만 계속하는 '가터뜨기' 기법으로 뜬다.

HOW TO MAKE

파란 그러데이션 실 한 가닥, 크림색 실 한 가닥을 겹쳐 쓴다. 8mm 바늘을 사용해 '일반코잡기'로 25코를 잡는다.

1~332단   겉뜨기 25.

실을 10cm 이상 남기고 자른 다음, 돗바늘에 꿰어 조인 후 마무리한다(48쪽 '조여서 마무리하기' 참조).

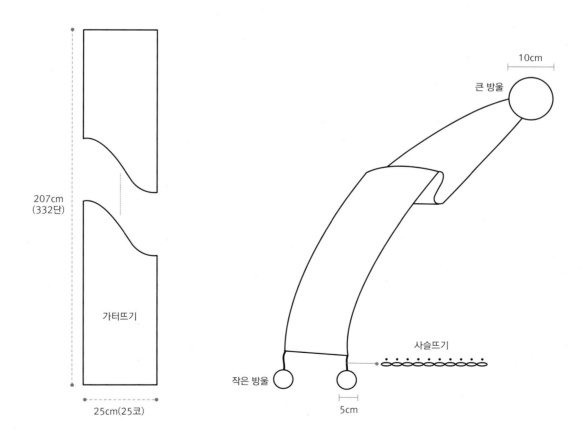

207cm
(332단)

25cm(25코)

가터뜨기

10cm

큰 방울

사슬뜨기

작은 방울

5cm

조여서 마무리하기

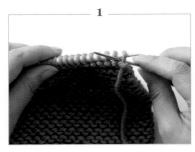

1

남겨둔 실을 꿴 돗바늘을 안뜨기 방향으로 넣어 코를 옮긴다.

2

계속해서 여러 코를 돗바늘로 옮긴 모습.

3

같은 방법으로 마지막 코까지 빼낸 다음 맨 처음 돗바늘을 넣었던 부분의 실 아래(화살표 참고)로 돗바늘을 넣는다.

4

잡아당겨 조인다.

조여서 마무리하고 큰 방울 달기

방울 만들기

◆ 크림색 실로 지름 10cm 방울 1개, 5cm 방울 2개를 만든다.

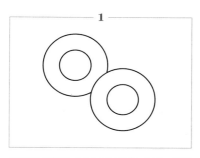

1

두꺼운 종이를 도넛 모양으로 오려 2장씩 준비한다. 안쪽 원의 지름은 2cm(3cm 이하 방울은 1cm).

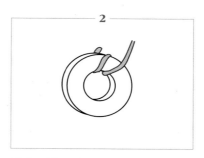

2

종이 2장을 겹쳐 그림처럼 실을 감아간다.

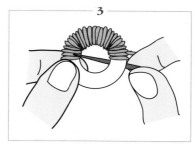

3

중앙의 원이 감은 실로 채워질 때까지 계속해서 감는다.

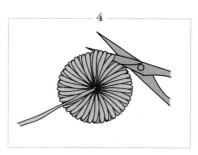

4

종이 2장 사이로 가위를 넣어 실의 바깥 부분을 자른다.

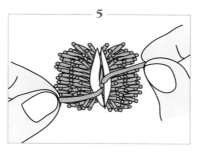

5

종이 2장 사이를 살짝 벌려 실의 중앙 부분을 별도의 실로 단단히 묶는다. 묶은 실은 목도리에 연결할 때 써야 하므로 양쪽 다 길게 남긴다.

6

종이를 제거한다.

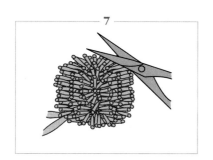

7

가위로 동그랗게 다듬어 방울을 완성한다.

TIP

방울 만들기가 번거롭게 느껴지거나 방울 만들 일이 많다면, '폼폼메이커'를 구매해 쓰는 것이 편리하다.

큰 방울 달기

1	2	3

방울의 실을 돗바늘에 꿴 다음, 목도리의 조여 놓은 부분으로 통과시킨다.

방울에 달린 다른 실을 돗바늘에 꿴다.

이번에는 아까 실과 반대 방향으로 목도리의 조여 놓은 부분에 바늘을 넣어 통과시킨다.

| 4 | 5 | 6 |

빼낸 실을 잡아당겨 조인다.

매듭을 짓는다.

풀리지 않게 단단하게 묶는다.

| 7 | 8 | 9 |

두 가닥의 실을 한꺼번에 돗바늘에 꿴다.

방울의 중앙에 돗바늘을 찔러 넣는다.

방울의 반대편으로 빼낸 후 방울 크기에 맞게 실을 자른다.

크림색 실과 코바늘 6/0호를 사용하여 '사슬뜨기'로 10코를 뜬다.

목도리 하단(큰 방울 반대쪽) 부분 모서리 첫코에 코바늘을 넣는다.

'빼뜨기'로 고정한다.

떠놓은 사슬코에 빼뜨기를 한다.

사슬코 10코에 모두 빼뜨기를 한다.

작은 방울에 달린 실을 돗바늘에 꿰어 화살표 방향으로 넣는다.

돗바늘을 빼낸 모습.

작은 방울에 달린 다른 실을 돗바늘에 꿴다.

화살표 방향으로 빼낸다.

빼낸 실을 잡아당긴다.

단단하게 매듭을 짓는다.

두 가닥의 실을 한꺼번에 돗바늘에 꿰어 방울의 중앙을 통과해 반대쪽으로 빼낸 후 방울 크기에 맞게 실을 자른다.

버블 목도리

옆면이 자연스럽게 말리는 메리야스 뜨기여서 독특한 느낌을 주는 목도리예요. 입체감 있는 버블 무늬로 개성과 볼륨감을 더했어요. 보온 기능은 물론이고, 어두운 색과 단조로운 디자인의 옷에 포인트를 주기에도 적합한 아이템이랍니다.

INFORMATION

사이즈	너비 21.5cm, 길이 204cm
사용한 실	리코 크리에이티브 소프트울 아란(Creative Soft Wool Aran) 001번(크림색) 200g, 009번(다홍색) 200g
바늘	줄바늘 7mm 1개
기타 준비물	가위, 돗바늘
게이지	메리야스뜨기 11.5코×16단

난이도 ◆◆

• 코를 잡아 아래에서 위로 떠 올라가는 방식이다.
• '3코 구슬뜨기'로 도톰한 버블 무늬를 만든다.

겉 ← 겉뜨기 | 안 ← 안뜨기

HOW TO MAKE

실 2가닥으로 7mm 대바늘을 사용해 '일반코잡기'로 25코를 잡는다.

1단	겉 25.
2단	안 25. 이후 짝수단은 모두 안뜨기.
3단	겉 4, (3코 구슬뜨기 1, 겉 7)×2, 3코 구슬뜨기 1, 겉 4.
5, 7, 9단	겉 25.
11단	겉 8, 3코 구슬뜨기 1, 겉 7, 3코 구슬뜨기 1, 겉 8.
13, 15, 17단	겉 25.
19~322단	3~18단 19회 반복.
323단	겉 4, (3코 구슬뜨기 1, 겉 7)×2, 3코 구슬뜨기 1, 겉 4.
324단	안 25.
325단	겉 25.

'겉뜨기로 코막음' 한다.

마무리

1   실을 10cm 이상 두고 자른다.
2   64쪽 '대바늘에서 실 정리하기'를 참고해 마무리한다.

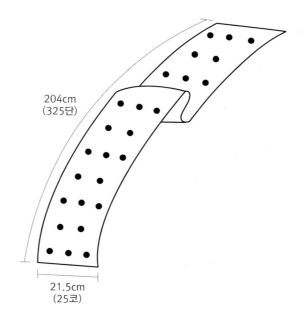

204cm
(325단)

21.5cm
(25코)

3코 구슬뜨기

겉뜨기 방향으로 바늘을 넣는다.

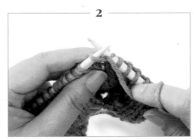

바깥쪽에서 안쪽으로 실을 바늘에 감는다.

감은 실을 빼낸다.

실을 앞으로 가져온다.

실을 앞에 둔 상태에서 겉뜨기 방향으로 바늘을 넣는다.

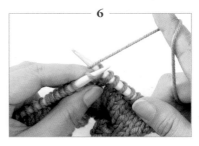

바깥쪽에서 안쪽으로 실을 바늘에 감는다.

감은 실을 빼낸다.

여기까지 작업하면 오른쪽 바늘에 3코가 생기는 셈이다.

뜨개판을 뒤로 돌린 다음, 안뜨기 방향으로 바늘을 넣는다.

바깥쪽에서 안쪽으로 실을 바늘에 감는다.

감은 실을 빼낸다.

나머지 2코도 안뜨기 방향으로 바늘을 넣어 10~11처럼 진행한다.

뜨개판을 뒤로 돌린다.

겉뜨기로 3코를 뜬다.

뜨개판을 뒤로 돌린다.

안뜨기로 3코를 뜬다.

뜨개판을 뒤로 돌린 후 앞의 2코에 한꺼번에 바늘을 넣는다.

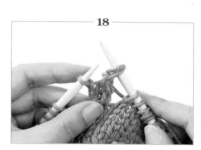

오른쪽 바늘로 옮긴다.

다음 코에 바늘을 넣어 겉뜨기한다.

겉뜨기를 마친 모습.

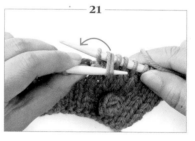

처음 옮겨 놓은 2코에 왼쪽 바늘을 넣어 화살표 방향으로 덮어씌운다.

덮어씌운 다음 왼쪽 바늘을 빼내면 구슬 무늬 하나 완성.

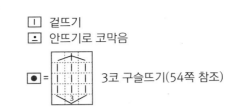

버블 목도리

□ 겉뜨기

겉뜨기
안뜨기로 코막음

● = 3코 구슬뜨기(54쪽 참조)

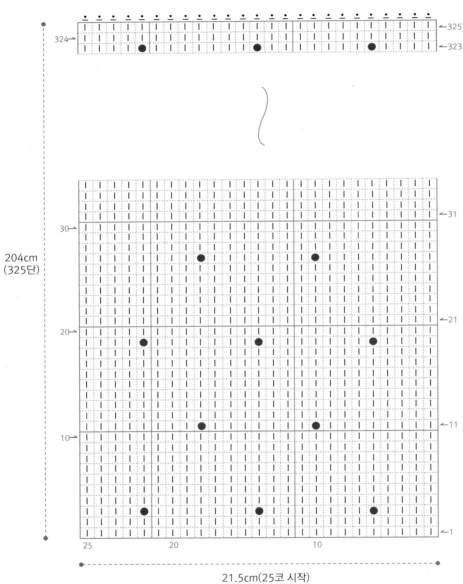

204cm
(325단)

21.5cm(25코 시작)

C

레이스무늬
목도리

바늘비우기와 줄이기로 레이스무늬를 짜 넣었어요. 보석처럼 반짝거리는 실을 사용해 고급스러우면서도 은은하게 화려해 보인답니다. 둘둘 말아 목도리로 착용해도 예쁘고, 폭을 넓게 떠서 숄처럼 어깨에 두를 수도 있는 디자인이에요.

INFORMATION

사이즈	너비 43cm, 길이 211cm
사용한 실	리코 패션 다이아몬도(Fashion Daiyamondo) 005번 (연회색) 350g
바늘	줄바늘 5mm 1개
기타 준비물	가위, 돗바늘
게이지	무늬뜨기 17코×20단
난이도	◆◆

HOW TO MAKE

5mm 바늘을 사용하여 '일반코잡기'로 76코를 잡는다.

1단	겉S 1, 겉 3, (안 4, 겉 4)×9.
2단	안S 1, 안 3, (겉 4, 안 4)×9.
3~48단	1~2단 23회 반복.
49단	겉S 1, 겉 3, (안 4, 겉4)×9.
50단	안S 1, 안 3, 겉 4, 안 4, 겉 2, 왼D 1, (안 4, 겉 4)×2, 안 4, 겉 2, 왼D 1, (안 4, 겉 4)×2, 안 4, 겉 2, 왼D 1, 안 4, 겉 4, 겉 4(총 73코).
51단	겉S 1, 겉 3, (안 1, 바O 1, 오3T 1, 바O 1, 안 1, 겉 15)×3, 안 1, 바O 1, 오3T 1, 바O 1, 안 1, 겉 4.
52단	안S 1, 안 3, (겉 1, 안 3, 겉 1, 안 15)×3, 겉 1, 안 3, 겉 1, 안 4.

이하 짝수단은 모두 52단과 동일.

53단	겉S 1, 겉 3, (안 1, 겉 3, 안 1, 겉 3, 왼D 1, 겉 2, 바O 1, 겉 1, 바O 1, 겉 2, 오D 1, 겉 3)×3, 안 1, 겉 3, 안 1, 겉 4.
55단	겉S 1, 겉 3, (안 1, 바O 1, 오3T 1, 바O 1, 안 1, 겉 2, 왼D 1, 겉 2, 바O 1, 겉 3, 바O 1, 겉 2, 오D 1, 겉 2)×3, 안 1, 바O 1, 오3T 1, 바O 1, 안 1, 겉 4.
57단	겉S 1, 겉 3, (안 1, 겉 3, 안 1, 겉 1, 왼D 1, 겉 2, 바O 1, 겉 5, 바O 1, 겉 2, 오D 1, 겉 1)×3, 안 1, 겉 3, 안 1, 겉 4.
59단	겉S 1, 겉 3, (안 1, 바O 1, 오3T 1, 바O 1, 안 1, 왼 D 1, 겉 2, 바O 1, 겉 7, 바O 1, 겉 2, 오D 1)×3, 안 1, 바O 1, 오3T 1, 바O 1, 안 1, 겉 4.
61단	겉S 1, 겉 3, (안 1, 겉 3, 안 1, 겉 15)×3, 안 1, 겉 3, 안 1, 겉 4.
63단	겉S 1, 겉 3, (안 1, 바O 1, 오3T 1, 바O 1, 안 1, 겉 3, 왼D 1, 겉 2, 바O 1, 겉 1, 바O 1, 겉 2, 오D 1, 겉 3)×3, 안 1, 바O 1, 오3T 1, 바O 1, 안 1, 겉 4.
65단	겉S 1, 겉 3, (안 1, 겉 3, 안 1, 겉 2, 왼D 1, 겉 2, 바O 1, 겉 3, 바O 1, 겉 2, 오D 1, 겉 2)×3, 안 1, 겉 3, 안 1, 겉 4.

- 코를 잡아 아래에서 위로 떠 올라가는 방식이다.
- '바늘비우기'와 줄이기를 반복하여 레이스무늬를 넣는다.

겉 ← 겉뜨기 | 안 ← 안뜨기 | 겉S ← 겉뜨기로 걸러뜨기 | 안S ← 안뜨기로 걸러뜨기 | 왼D ← 왼코 줄이기 | 오D ← 오른코 줄이기 | 안왼 2T ← 안뜨기로 왼코 줄이기 | 오3T ← 오른코 3코 모아뜨기 | 안L ← 끌어올려 안뜨기로 늘리기 | 바O ← 바늘비우기

67단	겉S 1, 겉 3, (안 1, 바O 1, 오3T 1, 바O 1, 안 1, 겉 1, 왼D 1, 겉 2, 바O 1, 겉 5, 바O 1, 겉 2, 오D 1, 겉 1)×3, 안 1, 바O 1, 오3T 1, 바O 1, 안 1, 겉 4.
69단	겉S 1, 겉 3, (안 1, 겉 3, 안 1, 왼D 1, 겉 2, 바O 1, 겉 7, 바O 1, 겉 2, 오D 1)×3, 안 1, 겉 3, 안 1, 겉 4.
71~370단	51~70단 15회 반복.
371~372단	71~72단 1회 반복.
373단	겉S 1, 겉 3, 안 4, 겉 4, 안L 1, 안 3, (겉 4, 안 4)× 2, 겉 4, 안L 1, 안 3, (겉 4, 안 4)×2, 겉 4, 안L 1, 안 3, 겉 4, 안 4, 겉 4(총 76코).
374단	안S 1, 안 3, (겉 4, 안 4)×9.
375단	겉S 1, 겉 3, (안 4, 겉 4)×9.
376~421단	374~375단 23회 반복.
422단	안S 1, 안 3, (겉 4, 안 4)×9.

겉뜨기 코는 겉뜨기로, 안뜨기 코는 안뜨기로 뜨면서 '덮어씌워 코막음'(184쪽 참조)을 한다.

마무리

1 실을 10cm 이상 두고 자른다.
2 64쪽 '대바늘에서 실 정리하기'를 참고해 마무리한다.

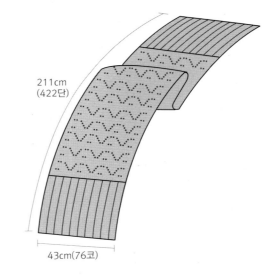

211cm
(422단)

43cm(76코)

레이스무늬 목도리

∣	겉뜨기	○	바늘비우기	■	없는코
—	안뜨기	⋏	오른코 3코 모아뜨기	V	걸러뜨기
⋌	왼코 줄이기	⋌	안뜨기로 왼코 줄이기		
⋋	오른코 줄이기	⩃	끌어올려 안뜨기로 늘리기		

422단까지 뜬다.

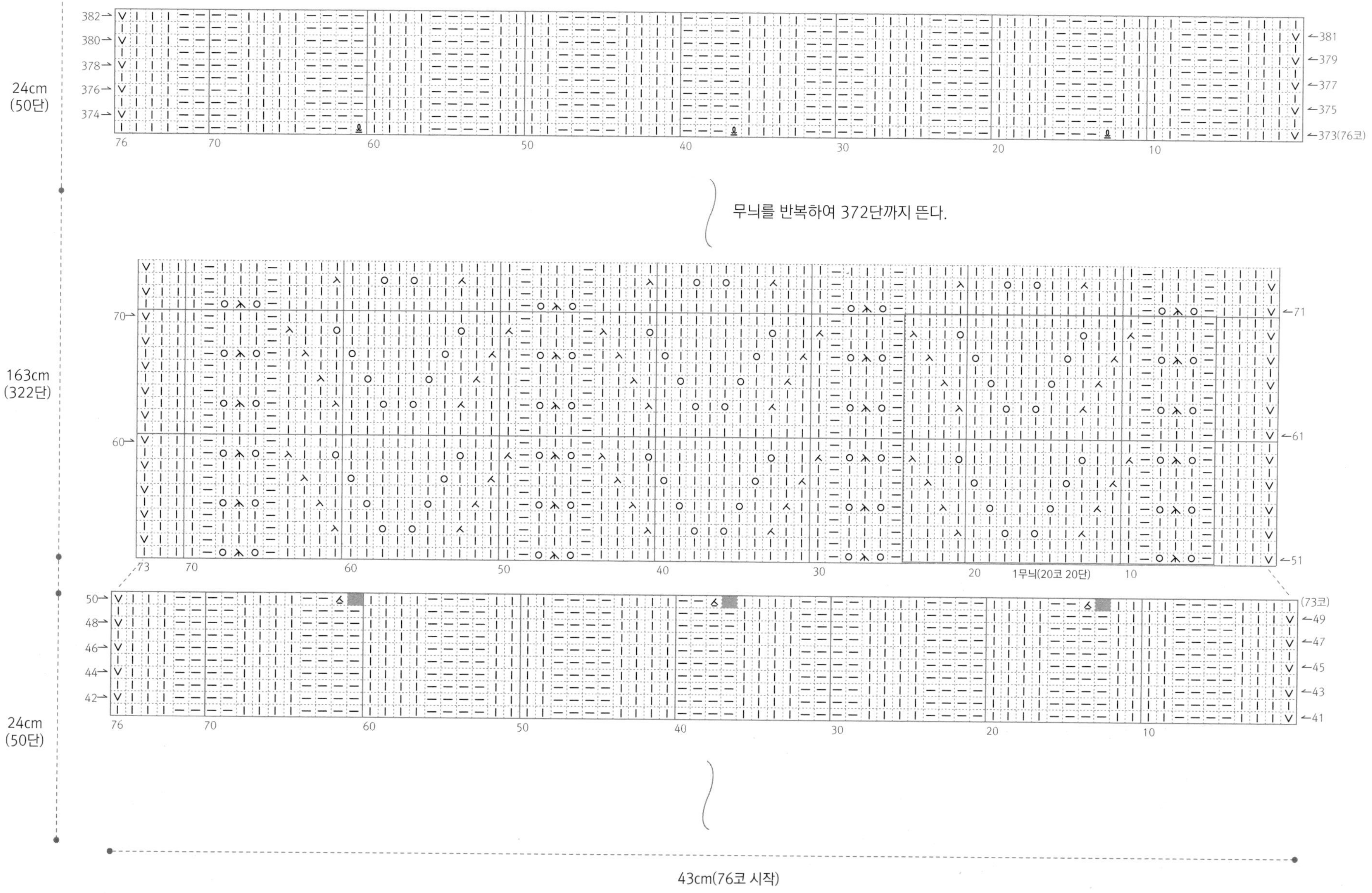
24cm
(50단)
163cm
(322단)
24cm
(50단)
무늬를 반복하여 372단까지 뜬다.
1무늬(20코 20단)
373(76코)
(73코)
43cm(76코 시작)

넣음 목도리

한쪽 끝부분을 고리로 만들어 다른 쪽 끝을 넣어 여밀 수 있게 만든 목도리예요. 여민 모양이 귀엽고 보온성도 좋아요. 가터뜨기와 바늘비우기 기법으로 뜨고, 모서리 에징으로 여성스러운 느낌을 더했어요.

INFORMATION

사이즈	너비 21cm, 길이 70cm
사용한 실	랑(Lang) 야볼(Jawoll) 0118번(초록색) 100g, 랑 레이스(Lace) 0018번(초록색) 25g
바늘	줄바늘 4mm 1개, 5mm 1개, 모사용 코바늘 6/0호 1개
기타 준비물	가위, 돗바늘, 마커 2개

게이지	가터뜨기 17코×28단, 1코 고무뜨기 17코×21단
난이도	◆◆

• 코를 잡아 '바늘비우기' 기법으로 코를 늘려가며 뜬다.

겉 ← 겉뜨기 | 안 ← 안뜨기 | 오D ← 오른코 줄이기 | 왼D ← 왼코 줄이기 | 바O ← 바늘비우기

HOW TO MAKE

5mm 바늘을 사용하여 야볼 2가닥, 레이스(모헤어 실) 1가닥을 합사하여 '일반코잡기'로 3코를 잡는다.

1단	겉 3.
2단	겉 1, 바O 1, 겉 1, 바O 1, 겉 1(총 5코).
3~5단	겉 5.
6단	겉 1, 바O 1, 겉 3, 바O 1, 겉 1(총 7코).
7~9단	겉 7.
10단	겉 1, 바O 1, 겉 5, 바O 1, 겉 1(총 9코).
11~13단	겉 9.
14단	겉 1, 바O 1, 겉 7, 바O 1, 겉 1(총 11코).
15~17단	겉 11.
18단	겉 1, 바O 1, 겉 9, 바O 1, 겉 1(총 13코).
19~21단	겉 13.
22단	겉 1, 바O 1, 겉 11, 바O 1, 겉 1(총 15코).
23~25단	겉 15.
26단	겉 1, 바O 1, 겉 13, 바O 1, 겉 1(총 17코).
27~29단	겉 17.
30단	겉 1, 바O 1, 겉 15, 바O 1, 겉 1(총 19코).
31~33단	겉 19.
34단	겉 1, 바O 1, 겉 17, 바O 1, 겉 1(총 21코).
35~37단	겉 21.
38단	겉 1, 바O 1, 겉 19, 바O 1, 겉 1(총 23코).
39~41단	겉 23.
42단	겉 1, 바O 1, 겉 21, 바O 1, 겉 1(총 25코).

43~45단	겉 25.
46단	겉 1, 바O 1, 겉 23, 바O 1, 겉 1(총 27코).
47~49단	겉 27.
50단	겉 1, 바O 1, 겉 25, 바O 1, 겉 1(총 29코).
51~53단	겉 29.
54단	겉 1, 바O 1, 겉 27, 바O 1, 겉 1(총 31코).
55~57단	겉 31.
58단	겉 1, 바O 1, 겉 29, 바O 1, 겉 1(총 33코).
59~61단	겉 33.
62단	겉 1, 바O 1, 왼D 1, 겉 27, 오D 1, 바O 1, 겉 1.
63~65단	겉 33.
66~173단	62~65단 27회 반복.
174단	겉 1, 바O 1, 왼D 1, 겉 27, 오D 1, 바O 1, 겉 1.
175단	겉 33.

4mm 바늘로 바꾼다.

176단	왼D 16, 겉 1(총 17코).
177단	안 1, (안 1, 겉 1)×7, 안 2(첫코와 마지막 코에 마커 표시).
178단	겉 1, (겉 1, 안 1)×7, 겉 2.
179~206단	177~178단 14회 반복.
207단	안 1, (안 1, 겉 1)×7, 안 2.

실(A)을 20cm 이상 여유를 두고 자른다.

바늘에 걸린 17코를 반으로 접은 뒤 돗바늘로 177단에 'ㄷ자 봉접'을 한다.

돗바늘에 실(A)을 꿴 다음, 첫코에 겉뜨기 방향으로 돗바늘을 넣는다.

빼낸 돗바늘을 고무뜨기 시작 부분에 넣는다.

실을 빼낸 후 바로 옆 코에 바늘을 넣는다.

실을 빼낸 후 대바늘에 걸린 코에 돗바늘을 넣는다.

바로 옆 코에 안뜨기 방향으로 돗바늘을 넣는다.

실을 빼낸 모습. 이어 화살표 방향으로 돗바늘을 넣는다.

돗바늘을 넣은 모습. 화살표 방향으로 돗바늘을 넣는다.

돗바늘을 넣은 모습. 화살표 방향으로 돗바늘을 넣는다.

돗바늘을 넣은 모습. 화살표 방향으로 돗바늘을 넣는다.

돗바늘을 넣은 모습.

실을 빼낸 모습.

같은 방법으로 ㄷ자 봉접을 마지막 코까지
반복한다.

바늘에 걸린 코에 돗바늘을 넣는다.

실을 빼낸 모습. 화살표 방향의 마지막 코
에 돗바늘을 넣는다.

돗바늘을 넣은 모습. 실을 빼낸다.

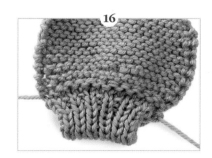

완성한 모습.

대바늘에서 실 정리하기 ◆ 대바늘로 뜰 때 안쪽에서 실을 정리해 마무리하는 방법이다.

마지막 코의 옆 코에 돗바늘을 넣는다.

돗바늘에 실을 감아 매듭을 짓는다.

매듭지은 모습.

여러 단에 걸쳐 사진과 같이 돗바늘을 넣는다.

바늘을 빼내면 목도리 안쪽으로 실이 숨어든 형태가 된다.

남은 실을 가위로 잘라낸다.

마무리한 모습.

테두리 에징

모사용 코바늘 6/0호와 랑 레이스 2가닥으로 뜬다.
그림을 참고하여 시작 부분 '바늘비우기' 위치에 실을 걸어, 바늘비우기를 한 곳마다 짧은
뜨기 1코, 사슬 3코, 한길긴뜨기 1코를 반복해 끝나는 위치까지 뜬다.

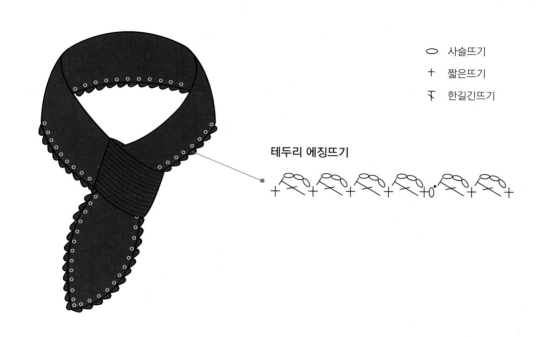

○　사슬뜨기

十　짧은뜨기

ㅜ　한길긴뜨기

테두리 에징뜨기

넣음 목도리

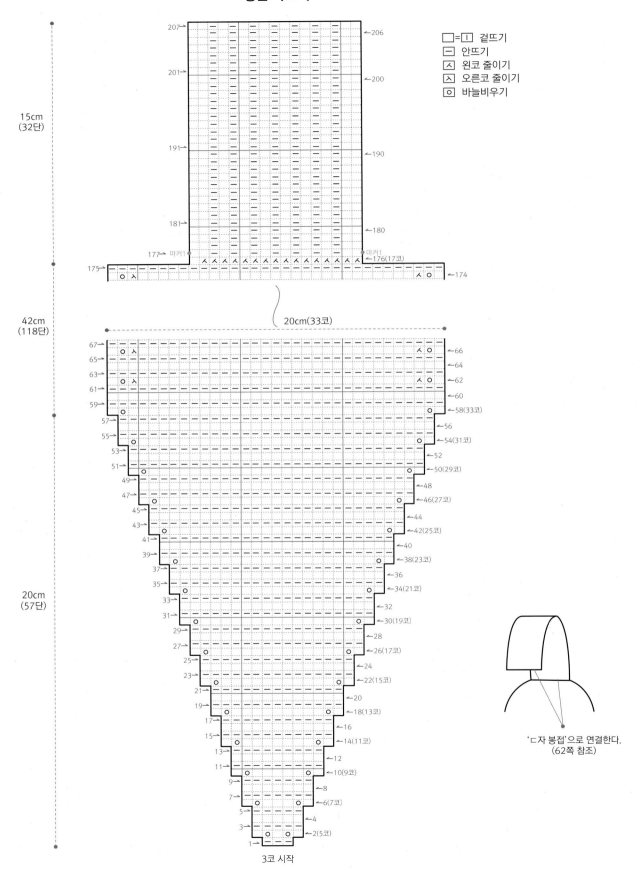

- □=□ 겉뜨기
- □ 안뜨기
- ⋏ 왼코 줄이기
- ⋏ 오른코 줄이기
- ○ 바늘비우기

15cm
(32단)

207→
←206
201→
←200
191→
←190
181→
←180

177→ 마커1
마커1
←176(17코)
175→
←174

42cm
(118단)

20cm(33코)

20cm
(57단)

67→
←66
65→
←64
63→
←62
61→
←60
59→
←58(33코)
57→
←56
55→
←54(31코)
53→
←52
51→
←50(29코)
49→
←48
47→
←46(27코)
45→
←44
43→
←42(25코)
41→
←40
39→
←38(23코)
37→
←36
35→
←34(21코)
33→
←32
31→
←30(19코)
29→
←28
27→
←26(17코)
25→
←24
23→
←22(15코)
21→
←20
19→
←18(13코)
17→
←16
15→
←14(11코)
13→
←12
11→
←10(9코)
9→
←8
7→
←6(7코)
5→
←4
3→
←2(5코)
1→

3코 시작

'ㄷ자 봉접'으로 연결한다.
(62쪽 참조)

스웨터 숄

정말 스웨터를 걸치고 있는 것 같지 않나요? 겉뜨기와 안뜨기 기법을 사용해 베이식한 스타일로 쉽게 뜨는 스웨터 숄이에요. 블라우스나 셔츠, 티셔츠 위에 두르면 따뜻하면서 멋스러워요.

사이즈	너비 45cm, 길이 111.5cm
사용한 실	샤헨마이어(Schachenmayr) 메리노 엑스트라파인 120(Merino Extrafine 120) 126번(겨자색), 155번 (네이비색) 각 230g
바늘	줄바늘 3.5mm 1개
기타 준비물	가위, 돗바늘

게이지	메리야스뜨기 21코×27단, 1코 고무뜨기 24코×27단
난이도	◆

• 코를 잡아 아래에서 위로 올라가는 방식으로 뜬다.

겉 ← 겉뜨기 | 안 ← 안뜨기 | 겉S ← 겉뜨기로 걸러뜨기 | 안S ← 안 뜨기로 걸러뜨기

HOW TO MAKE

3.5mm 바늘을 사용하여 '일반코잡기'로 107코를 잡는다.

1단	안S 1, (안 1, 겉 1)×52, 안S 1, 안 1.
2단	겉S 1, (겉 1, 안 1)×52, 겉S 1, 겉 1.
3~22단	1~2단 10회 반복.
23단	안S 1, (안 1, 겉 1)×52, 안S 1, 안 1.
24단	겉S 1, (겉 1, 안 1)×5, 겉 85, (안 1, 겉 1)×4, 안 1, 겉S 1, 겉 1.
25단	안S 1, (안 1, 겉 1)×5, 안 85, (겉 1, 안 1)×4, 겉 1, 안S 1, 안 1.
26~83단	24~25단 29회 반복.
84단	겉S 1, (겉 1, 안 1)×5, 겉 26, (안 1, 겉 1)×16, 안 1, 겉 26, (안 1, 겉 1)×4, 안 1, 겉S 1, 겉 1.
85단	안S 1, (안 1, 겉 1)×5, 안 26, (겉 1, 안 1)×16, 겉 1, 안 26, (겉 1, 안 1)×4, 겉 1, 안S 1, 안 1.
86~87단	84~85단 1회 반복.

88단	겉S 1, (겉 1, 안 1)×17, 겉S 1, 겉 1, 나머지 70 코는 쉼코로 두고 뜨개판을 뒤로 돌려 37코만 계속 뜬다.
89단	안S 1, (안 1, 겉 1)×17, 안S 1, 안 1.
90~303단	88~89단 107회 반복.

겉뜨기 코는 겉뜨기로, 안뜨기 코는 안뜨기로 뜨면서 '덮어씌워 코막음'(184쪽 참조)을 한다.
쉼코로 둔 첫코에 새 실을 건다.

88단	겉뜨기 코는 겉뜨기로, 안뜨기 코는 안뜨기로 뜨면서 덮어씌워 코막음 33코, (겉 1, 안 1)×17, 겉S 1, 겉 1.
89단	안S 1, (안 1, 겉 1)×17, 안S 1, 안 1.
90~303단	88~89단 107회 반복.

겉뜨기 코는 겉뜨기로, 안뜨기 코는 안뜨기로 뜨면서 '덮어씌워 코막음'을 한다.

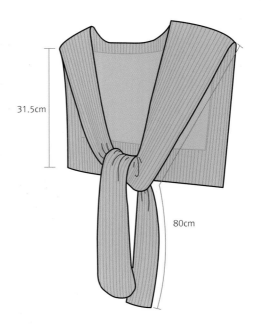

31.5cm

80cm

스웨터 숄

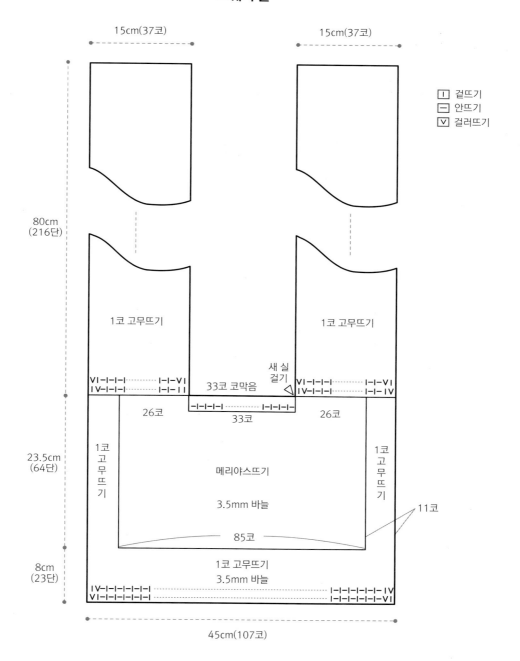

15cm(37코)

15cm(37코)

80cm
(216단)

겉뜨기

안뜨기

걸러뜨기

1코 고무뜨기

1코 고무뜨기

새 실
걸기

Ⅴ I -I-I-Ⅴ I ········· I -I-I-Ⅴ I

Ⅰ Ⅴ -I-I-I ········· I -I- I I

33코 코막음

Ⅴ I -I-I-Ⅴ I ········· I -I-I-Ⅴ I

Ⅰ Ⅴ -I-I-I ········· I -I-I-Ⅴ

-I-I-I-I ········· I-I-I-I

26코

33코

26코

23.5cm
(64단)

1코
고
무
뜨
기

메리야스뜨기

3.5mm 바늘

1코
고
무
뜨
기

11코

85코

1코 고무뜨기

3.5mm 바늘

8cm
(23단)

Ⅰ Ⅴ -I-I-I-I-I-I ········· I-I-I-I-I-I-Ⅰ Ⅴ

Ⅴ I -I-I-I-I-I ········· I-I-I-I-I-Ⅴ I

45cm(107코)

마무리

1 실을 10cm 이상 두고 자른다.

2 64쪽 '대바늘에서 실 정리하기'를 참고해 마무리한다.

노트무늬 넥워머와 핸드워머 세트

노트무늬를 넣어 원형으로 뜨는 넥워머와 핸드워머는 간단하게 완성할 수 있으면서 추운 날 멋내기 아이템으로 큰 효과를 낸답니다. 특히 핸드워머는 따뜻하면서도 손가락을 편하게 움직일 수 있어 편해요.

INFORMATION

사이즈	넥워머―둘레 64cm, 길이 24.5cm, 핸드워머―둘레 19cm, 길이 23cm
사용한 실	랑 크리스(Kris) 0007번(주황색) 넥워머 100g, 핸드워머 50g, 랑 크리스 0009번(초록색) 넥워머 100g, 핸드워머 50g
바늘	줄바늘 6mm 1개, 7mm 1개, 또는 막대바늘 6mm 4개, 7mm 4개
기타 준비물	가위, 돗바늘, 마커 4개

게이지	무늬뜨기 14코×21단
난이도	◆◆

• 넥워머는 원형으로 코를 잡아 아래에서 위로 올라가는 방식으로 뜬다.
• 핸드워머는 아래에서 위로 뜨고 옆선을 꿰매 마무리한다.

겉 ← 겉뜨기 | 안 ← 안뜨기 | 왼노트 ← 왼코속 노트뜨기

HOW TO MAKE

넥워머

6mm 바늘을 사용하여 '일반코잡기'로 90코를 잡아 원형으로 만든다.

1~7단	(안 2, 겉 3)×18.

7mm 바늘로 바꾼다.

8단	(안 2, 왼노트 1)×18.
9~11단	(안 2, 겉 3)×18.
12~43단	8~11단 8회 반복.
44단	(안 2, 왼노트 1)×18.
45단	(안 2, 겉 3)×18.

6mm 바늘로 바꾼다.

46~53단	(안 2, 겉 3)×18.

겉뜨기 코는 겉뜨기로, 안뜨기 코는 안뜨기로 뜨면서 '덮어씌워 코막음'(184쪽 참조)을 한다.

마무리

1 실을 10cm 이상 두고 자른다.
2 64쪽 '대바늘에서 실 정리하기'를 참고해 마무리한다.

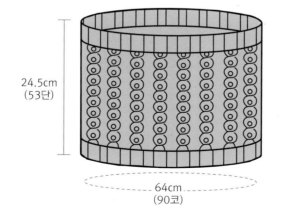

24.5cm
(53단)

64cm
(90코)

왼코 속 노트뜨기(→왼노트)

세 번째 코에 오른쪽 바늘을 안뜨기 방향으로 넣는다. 화살표 방향으로 2코를 덮어씌운다.

덮어씌운 모습.

덮어씌운 코에 바늘을 겉뜨기 방향으로 넣는다.

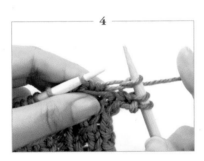

겉뜨기로 뜬다.

실을 앞으로 가져온다.

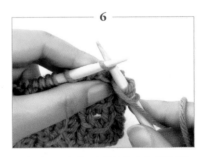

실을 앞으로 놓은 상태에서 다음 코에 바늘을 겉뜨기 방향으로 넣는다.

겉뜨기로 뜬다.

완성한 모습.

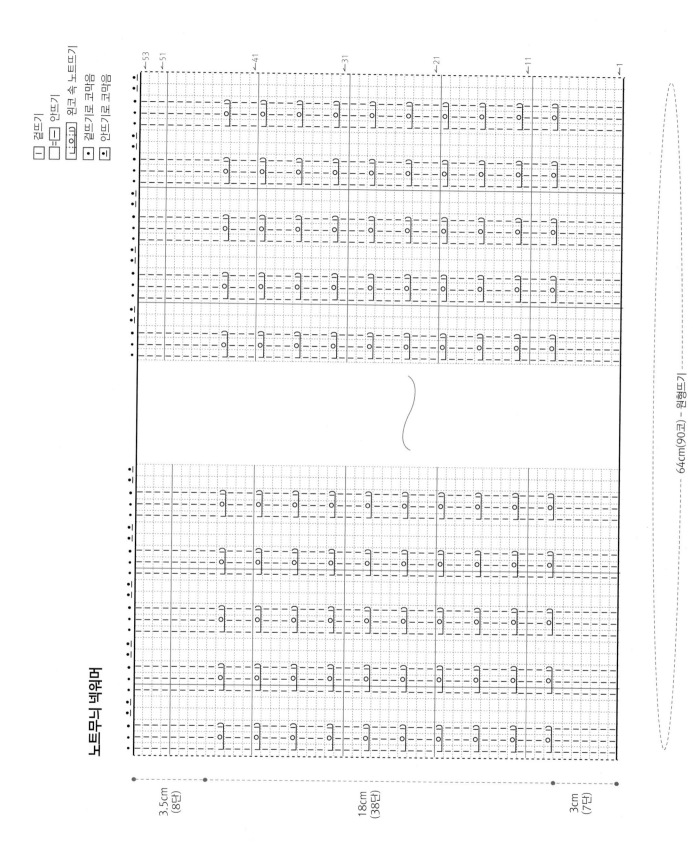

노트무늬 넥워머

핸드워머 2개

6mm 바늘을 사용하여 '일반코잡기'로 27코를 잡는다.

1단	(겉 2, 안 3)×5, 겉 2.
2단	(안 2, 겉 3)×5, 안 2.
3~24단	1~2단 11회 반복.
25단	(겉 2, 안 3)×5, 겉 2.

7mm 바늘로 바꾼다.

26단	(안 2, 겉 3)×5, 안 2.
27단	(겉 2, 안 3)×5, 겉 2.
28단	(안 2, 윈노트 1)×5, 안 2.
29단	(겉 2, 안 3)×5, 겉 2.
30단	(안 2, 겉 3)×5, 안 2. 30단의 양 끝에 마커 표시를 한다.
31단	(겉 2, 안 3)×5, 겉 2.
32~43단	28~31단 3회 반복, 37단의 양 끝에 마커 표시를 한다.
44단	(안 2, 윈노트 1)×5, 안 2.
45단	(겉 2, 안 3)×5, 겉 2.

6mm 바늘로 바꾼다.

46단	(안 2, 겉 3)×5, 안 2.
47단	(겉 2, 안 3)×5, 겉 2.
48~51단	46~47단 2회 반복.

겉뜨기 코는 겉뜨기로, 안뜨기 코는 안뜨기로 뜨면서 '덮어씌워 코막음'(184쪽 참조)을 한다.
같은 방법으로 한 장을 더 뜬다.

마무리

1. 실을 10cm 이상 두고 자른다.
2. 마커 표시한 부분을 제외하고 '메리야스 잇기'로 꿰맨다.
3. 64쪽 '대바늘에서 실 정리하기'를 참고해 마무리한다.

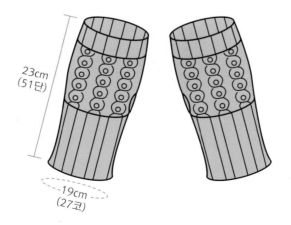

23cm
(51단)

19cm
(27코)

노트무늬 핸드워머

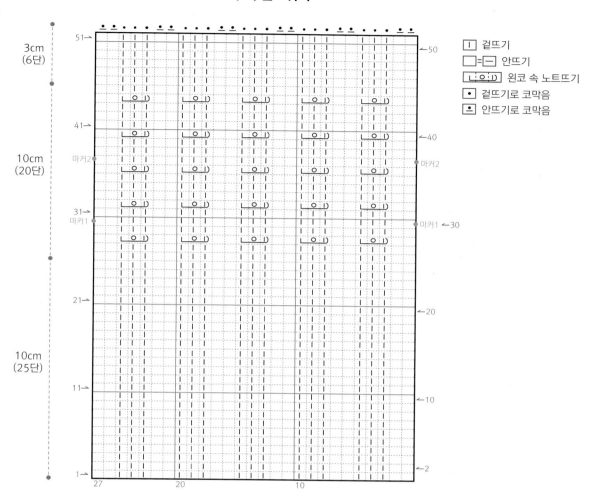

	겉뜨기
=−	안뜨기
⌐ʘ⌐	왼코 속 노트뜨기
•	겉뜨기로 코막음
•	안뜨기로 코막음

옆선 연결하기

마커 부분을 제외한 나머지 옆선을
돗바늘로 꿰매어 잇는다.

발라클라바

넥워머와 후드를 연결해 만드는 발라클라바는 얼굴과 목으로 들어오는 바람을 완벽 차단하는 보온장비이면서 개성을 살려주는 아이템으로 인기가 높지요. 넥워머 중심에서 삼각 모양을 살려 더욱 여성스러운 느낌으로 마무리해요.

INFORMATION

사이즈	넥워머 부분—밑단 둘레 85cm, 높이 23cm, 후드 부분—너비 53cm, 높이 33cm
사용한 실	랑 울어딕츠 리스펙트(Wooladdicts Respect) 0005번(진회색), 0048번(장미색) 각 180g
바늘	줄바늘 7mm 1개, 8mm 1개, 또는 막대바늘 7mm 4개, 8mm 4개
기타 준비물	가위, 돗바늘
게이지	메리야스뜨기 13코×17단, 2코 고무뜨기 14코×17단

난이도　　　◆◆

• 원형으로 코를 잡아 아래에서 위로 올라가는 방식으로 뜬 다음, 후드 부분은 나눠서 뜨고 앞단을 이어 뜬다.

겉 ← 겉뜨기 | 안 ← 안뜨기 | 오D ← 오른코 줄이기 | 왼D ← 왼코 줄이기 | 오L ← 오른코 늘리기 | 왼L ← 왼코 늘리기 | 안오2T ← 안뜨기로 오른코 줄이기 | 안왼2T ←안뜨기로 왼코 줄이기

HOW TO MAKE

넥워머 부분

실 2가닥과 8mm 바늘을 사용하여 '일반코잡기'로 120코를 잡아 원형으로 만든다.

1~2단	[안 1, (겉 2, 안 2)×14, 겉 2, 안 1]×2.
3단	[안 1, (겉 2, 안 2)×6, 겉 2, 안 1, 왼D 1, 오D 1, 안 1, (겉 2, 안 2)×6, 겉 2, 안 1]×2(총 116코).
4단	[안 1, (겉 2, 안 2)×6, 겉 2, 안 1, 겉 2, 안 1, (겉 2, 안 2)×6, 겉 2, 안 1]×2.
5단	[안 1, (겉 2, 안 2)×6, 겉 2, 왼D 1, 오D 1, (겉 2, 안 2)×6, 겉 2, 안 1]×2(총 112코).
6단	[안 1, (겉 2, 안 2)×6, 겉 4, (겉 2, 안 2)×6, 겉 2, 안 1]×2.
7단	[안 1, (겉 2, 안 2)×6, 겉 1, 왼D 1, 오D 1, 겉 1, (안 2, 겉 2)×6, 안 1]×2(총 108코).
8단	[안 1, (겉 2, 안 2)×6, 겉 4, (안 2, 겉 2)×6, 안 1]×2.
9단	[안 1, (겉 2, 안 2)×6, 왼D 1, 오D 1, (안 2, 겉 2)×6, 안 1]×2(총 104코).
10단	[안 1, (겉 2, 안 2)×6, 겉 2, (안 2, 겉 2)×6, 안 1]×2.
11단	[안 1, (겉 2, 안 2)×5, 겉 2, 안 1, 왼D 1, 오D 1, 안 1, (겉 2, 안 2)×5, 겉 2, 안 1]×2(총 100코).
12단	[안 1, (겉 2, 안 2)×5, 겉 2, 안 1, 겉 2, 안 1, (겉 2, 안 2)×5, 겉 2, 안 1]×2.
13단	[안 1, (겉 2, 안 2)×5, 겉 2, 왼D 1, 오D 1, (겉 2, 안 2)×5, 겉 2, 안 1]×2(총 96코).
14단	[안 1, (겉 2, 안 2)×5, 겉 4, (겉 2, 안 2)×5, 겉 2, 안 1]×2.
15단	[안 1, (겉 2, 안 2)×5, 겉 1, 왼D 1, 오D 1, 겉 1, (안 2, 겉 2)×5, 안 1]×2(총 92코).
16단	[안 1, (겉 2, 안 2)×5, 겉 4, (안 2, 겉 2)×5, 안 1]×2.
17단	[안 1, (겉 2, 안 2)×5, 왼D 1, 오D 1, (안 2, 겉 2)×5, 안 1]×2(총 88코).
18~25단	[안 1, (겉 2, 안 2)×10, 겉 2, 안 1]×2.
26단	[안 1, 오D 1, (안 2, 겉 2)×9, 안 2, 왼D 1, 안 1]×2(총 84코).
27~29단	[안 1, 겉 1, (안 2, 겉 2)×9, 안 2, 겉 1, 안 1]×2.
30단	[안 1, 오D 1, 안 1, (겉 2, 안 2)×8, 겉 2, 안 1, 왼D 1, 안 1]×2(총 80코).
31~33단	[안 1, 겉 1, 안 1, (겉 2, 안 2)×8, 겉 2, 안 1, 겉 1, 안 1]×2.
34단	[안 1, 오D 1, (겉 2, 안 2)×8, 겉 2, 왼D 1, 안 1]×2(총 76코).
35단	[안 1, 겉 1, (겉 2, 안 2)×8, 겉 3, 안 1]×2.
36단	[안 1, 오D 1, 겉 1, (안 2, 겉 2)×7, 안 2, 겉 1, 왼D 1, 안 1]×2(총 72코).
37~39단	[안 1, (겉 2, 안 2)×8, 겉 2, 안 1]×2.

후드 부분

중앙의 18코는 쉼코로 두고 도안에 표기된 부분부터 새 실을
건다.

40단	54코를 줍는다.
41단	안 54.
42단	겉 54.
43단	안 54.
44단	겉 26, 왼L 1, 겉 2, 오L 1, 겉 26(총 56코).
45단	안 56.
46단	겉 56.
47단	안 56.
48단	겉 27, 왼L 1, 겉 2, 오L 1, 겉 27(총 58코).
49단	안 58.
50단	겉 58.
51단	안 58.
52단	겉 28, 왼L 1, 겉 2, 오L 1, 겉 28(총 60코).
53단	안 60.
54단	겉 60.
55~88단	53~54단을 17회 반복.
89단	안 60.
90단	겉 28, 왼D 1, 오D 1, 겉 28(총 58코).
91단	안 58.
92단	겉 27, 왼D 1, 오D 1, 겉 27(총 56코).
93단	안 58.
94단	겉 26, 왼D 1, 오D 1, 겉 26(총 54코).
95단	안 25, 안오2T 1, 안왼2T 1, 겉 25(총 52코).

떠놓은 뜨개판을 뒤집어 후드 부분의 겉과 겉을 맞댄다(79쪽
그림 참조).
2코를 한꺼번에 떠서 '덮어씌워 잇기'(188쪽 참조) 방법으로
연결한다.

후드 앞단

그림을 참조하여 후드 왼쪽에서 42코, 오른쪽에서 42코,
쉼코로 두었던 코의 양쪽 끝에서 1코씩 주워 20코, 총 104코를
줍는다.
2코 고무뜨기로 5단을 뜬 후 겉뜨기 코는 겉뜨기로,
안뜨기 코는 안뜨기로 뜨면서 '덮어씌워 코막음'(184쪽 참조)을
한다.

마무리

1 실을 10cm 이상 두고 자른다.
2 64쪽 '대바늘에서 실 정리하기'를 참고해 마무리한다.

후드 연결

겉과 겉을 맞대고 '덮어씌워 잇기' 방법으로 연결한다.

18코 쉼코

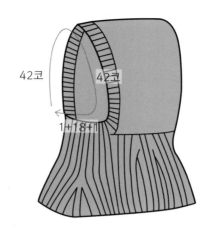

42코   42코

1+18+1

후드 앞단

모자 앞둘레에서 총 104코를 잡아
2코 고무뜨기로 5단을 뜬 후
겉뜨기 코는 겉뜨기로,
안뜨기 코는 안뜨기로 뜨면서
'덮어씌워 코막음'을 한다.

빌라블라바 넥워머 부분

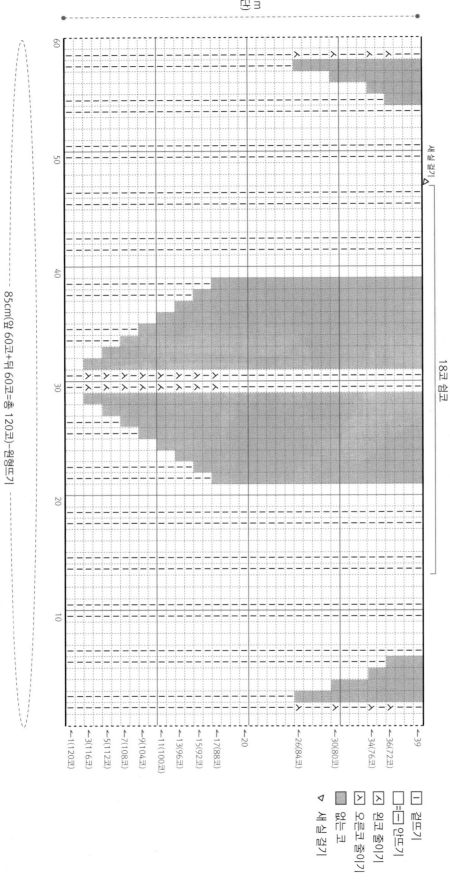

23cm
(39단)

새실걸기 ▷

18코 쉼코

85cm(앞 60코+뒤 60코=총 120코)-원형뜨기

←1(120코)
←3(116코)
←5(112코)
←7(108코)
←9(104코)
←11(100코)
←13(96코)
←15(92코)
←17(88코)
←20
←26(84코)
←30(80코)
←34(76코)
←36(72코)
←39

│	겉뜨기
─	안뜨기
⋏	왼코 줄이기
⋋	오른코 줄이기
▨	안뜨는 코
▷	새실 걸기

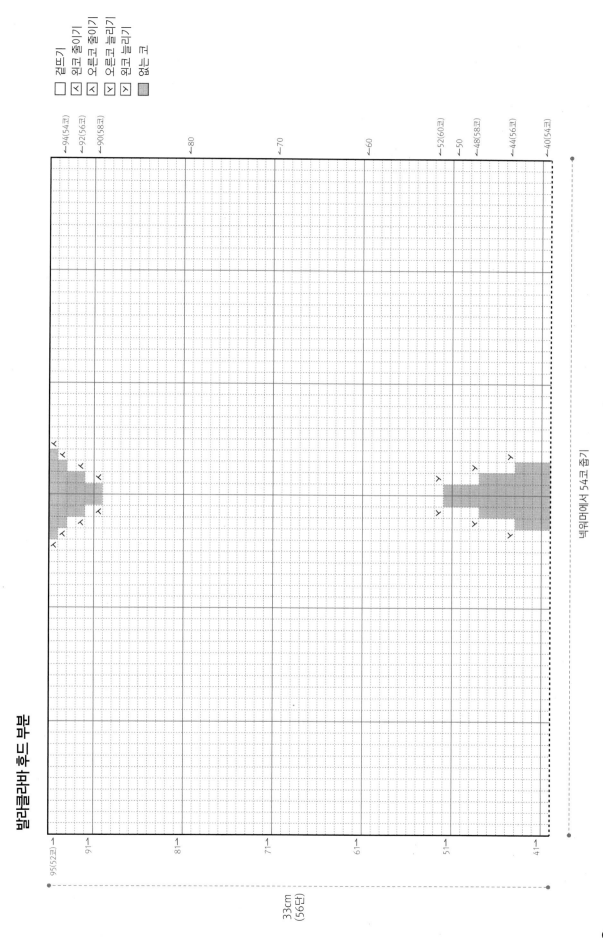

네온 비니

3코 고무뜨기 기법으로 뜬 기본 비니입니다. 원형으로 코를 잡아 아래에서 위로 떠 올라가고, 위쪽에서 코를 줄여가며 마무리해요. 초보자도 뜰 수 있는 아이템이지만 화려한 네온 컬러로 패셔너블한 비니가 완성되었어요.

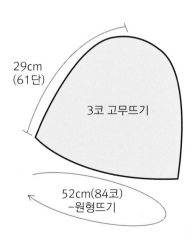

네온 비니

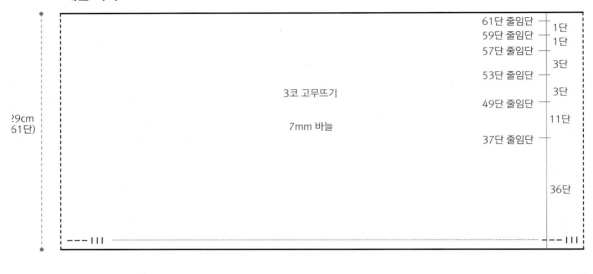

29cm
(61단)

3코 고무뜨기

7mm 바늘

61단 줄임단 — 1단
59단 줄임단 — 1단
57단 줄임단 — 3단
53단 줄임단 — 3단
49단 줄임단 — 11단
37단 줄임단 — 36단

52cm(84코)-원형뜨기

ㅣ 겉뜨기	人 왼코 줄이기
— 안뜨기	么 안뜨기로 왼코 줄이기
없는 코	

줄임단

←61(8코)
←59(15코)
←57(28코)
←53(42코)
←49(56코)
←37(70코)
←1~36

84   80

10   1

084

대바늘에서 원형코잡기

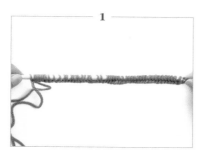

'일반코잡기'로 원하는 콧수만큼 잡는다.

코를 반으로 나눈다.

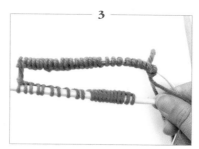

왼쪽 바늘의 줄을 당겨 바늘 부분에 코를 끼운다.

첫코와 끝코를 맞닿게 한 후 첫코에 바늘을 넣는다.

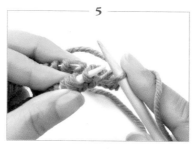

겉뜨기로 뜬다. 첫코와 끝코가 벌어지지 않게 바짝 잡아당겨 뜬다.

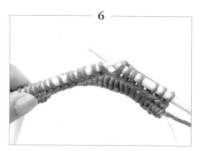

'원형코잡기'를 마친 모습.

꽈배기 버킷햇

교차뜨기 무늬를 넣은 챙모자입니다. 되돌아뜨기 기법으로 챙을 떠 자연스럽게 모양을 만들어 주었어요. 디자인이 비슷한 솔리드 버킷햇과 비교해 보면 꽈배기 무늬가 좀더 부드럽고 귀여운 이미지예요.

INFORMATION

사이즈	머리둘레 52~54cm
사용한 실	리코 에센셜 메가울 트위드 청키(Essentials Mega Wool Tweed Chunky) 004번(회색), 002번(연노란색) 각 120g
바늘	줄바늘 5mm 1개, 모사용 코바늘 6/0호 1개
기타 준비물	가위, 돗바늘
게이지	무늬뜨기 18코×22단
난이도	◆◆

- 코를 잡아 아래에서 위로 떠 올라가다 코를 줄이는 방식으로 뜬다.
- 모자의 챙은 처음 시작 부분에서 코를 주워 뜬다.

겉 ← 겉뜨기 | 안 ← 안뜨기 | O D ← 오른코 줄이기 | 왼D ← 왼코 줄이기 | 안왼2T ← 안뜨기로 왼코 줄이기 | 11왼C ← 1(겉)대1(겉) 왼코 위 교차뜨기 | 12왼C ← 1(겉)대2(겉) 왼코 위 교차뜨기 | 겉L ← 끌어올려 겉뜨기로 늘리기

HOW TO MAKE

모자 부분

5mm 바늘을 사용하여 '일반코잡기'로 98코를 잡는다.

1단	겉 2, (안 3, 겉 3)×16.
2단	(안 3, 12왼C 1)×16, 안 2.
3단	겉 2, (안 3, 겉 3)×16.
4단	(안 3, 겉 3)×16, 안 2.
5단	겉 2, (안 3, 겉 3)×16.
6~21단	2~5단을 4회 반복한다.
22단	(안 3, 12왼C 1)×16, 안 2.
23단	겉 2, (안 3, 겉 3)×16.
24단	(안 1, 안왼2T 1, 겉 3, 안 3, 겉 3)×8, 안 2(총 90코).
25단	겉 2, (안 3, 겉 3, 안 3, 겉 2)×8.
26단	(안 2, 12왼C 1, 안 1, 안왼2T 1, 12왼C 1)×8, 안 2(총 82코).
27단	겉 2, (안 3, 겉 2)×16.
28단	(안 2, 왼D 1, 겉 1, 안 2, 겉 3)×8, 안 2(총 74코).
29단	겉 2, (안 3, 겉 2, 안 2, 겉 2)×8.
30단	(안왼2T 1, 11왼C 1, 안 2, 12왼C 1)×8, 안 2(총 66코).
31단	겉 2, (안 3, 겉 2, 안 2, 겉 1)×8.
32단	(안 1, 겉 2, 안 2, 왼D 1, 겉 1)×8, 안 2(총 58코).
33단	겉 2, (안 2, 겉 2, 안 2, 겉 1)×8.
34단	(안 1, 11왼C 1, 안왼2T 1, 11왼C 1)×8, 안 2(총 50코).
35단	겉 2, (안 2, 겉 1)×16.
36단	(안 1, 왼D 1)×16, 안왼2T 1(총 33코).
37단	겉 1, 안왼2T 16(총 17코).
38단	왼D 8, 안 1(총 9코).

마무리

1. 실을 10cm 이상 두고 자른다.
2. 자른 실을 돗바늘에 꿰어 남은 코에 통과시킨 후 잡아당겨 조인다(48쪽 '조여서 마무리하기' 참조).
3. 옆선을 '메리야스 잇기'로 연결한다.
4. 안쪽에서 실을 정리한다(64쪽 '대바늘에서 실 정리하기' 참조).

챙 부분

5mm 바늘을 사용하여 모자 뒷면의 연결선 부분에서 2코를 건너뛰어 3코째에서 코를 줍기 시작한다.

1단	겉뜨기로 91코 줍기.
2단	겉 91.
3단	겉 1, 왼D 1, 겉 4, (겉L 1, 겉 11)×7, 겉L 1, 겉 4, 오D 1, 겉 1(총 97코).
4~6단	겉 97.
7단	겉 1, 왼D 1, 겉 7, (겉L 1, 겉 13)×6, 겉L 1, 겉 6, 오D 1, 겉 1(총 102코).
8단	겉 102.
9단	겉 1, 왼D 1, 겉 96, 오D 1, 겉 1(총 100코).
10단	겉 100.

[11~15단 되돌아뜨기단]

11단	겉 1, 왼D 1, 겉 86, 실을 앞으로 놓고, 왼쪽 바늘의 첫코를 뜨지 않고 오른쪽 바늘에 옮긴다. 실을 뒤로 보내고, 오른쪽 바늘로 옮겨 놓았던 1코를 다시 왼쪽 바늘로 옮긴다. 뜨개판을 뒤로 돌린다(총 99코).
12단	겉 78, 실을 앞으로 놓고, 왼쪽 바늘의 첫코를 뜨지 않고 오른쪽 바늘에 옮긴다. 실을 뒤로 보내고, 오른쪽 바늘로 옮겨 놓았던 1코를 다시 왼쪽 바늘로 옮긴다. 뜨개판을 뒤로 돌린다.
13단	겉 68, 실을 앞으로 놓고, 왼쪽 바늘의 첫코를 뜨지 않고 오른쪽 바늘에 옮긴다. 실을 뒤로 보내고, 오른쪽 바늘로 옮겨 놓았던 1코를 다시 왼쪽 바늘로 옮긴다. 뜨개판을 뒤로 돌린다.
14단	겉 58, 실을 앞으로 놓고, 왼쪽 바늘의 첫코를 뜨지 않고 오른쪽 바늘에 옮긴다. 실을 뒤로 보내고, 오른쪽 바늘로 옮겨 놓았던 1코를 다시 왼쪽 바늘로 옮긴다. 뜨개판을 뒤로 돌린다.
15단	겉 58, 왼쪽 바늘 첫코 밑에 걸려 있는 코를 끌어올린다. 끌어올린 코와 왼쪽 바늘의 첫코를 한꺼번에 겉뜨기로 뜬다. 겉 9, 왼쪽 바늘 첫코 밑에 걸려 있는 코를 끌어올린다. 끌어올린 코와 왼쪽 바늘의 첫코를 한꺼번에 겉뜨기로 뜬다. 겉 7, 오D 1, 겉 1(총 98코).
16단	겉 1, 오D 1, 겉 75, 왼쪽 바늘 첫코 밑에 걸려 있는 코를 끌어올린다. 끌어올린 코와 왼쪽 바늘의 첫코를 한꺼번에 겉뜨기로 뜬다. 겉 9, 왼쪽 바늘 첫코 밑에 걸려 있는 코를 끌어올린다. 끌어올린 코와 왼쪽 바늘의 첫코를 한꺼번에 겉뜨기로 뜬다. 겉 6, 왼D 1, 겉 1(총 96코).

'겉뜨기로 코막음' 한다.

마무리

1 모사용 코바늘 6/0호를 사용하여 그림과 같이 모자 뒷면에 실을 걸어 짧은뜨기 5코를 뜬 후 챙 둘레에 빼뜨기 1단을 뜬다.

2 실을 10cm 이상 남기고 자른 후, 자른 실을 돗바늘에 꿰어 안쪽에서 테두리를 따라 서너 땀 꿰매고, 남은 실은 짧게 잘라 정리한다.

1(겉)대2(겉) 왼코 위 교차뜨기(→12왼C)

꽈배기바늘을 처음 두 코에 넣는다.

꽈배기바늘의 두 코를 뒤쪽으로 빼 둔다.

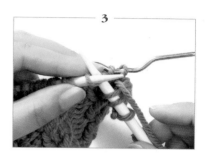

세 번째 코에 겉뜨기 방향으로 바늘을 넣는다.

겉뜨기로 뜬다.

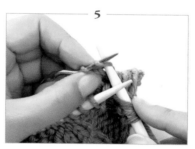

꽈배기바늘에 빼 놓은 첫코를 겉뜨기한다.

꽈배기바늘에 빼 놓은 두 번째 코도 겉뜨기한다.

완성한 모습.

꽈배기 버킷햇 모자 부분(무늬뜨기)

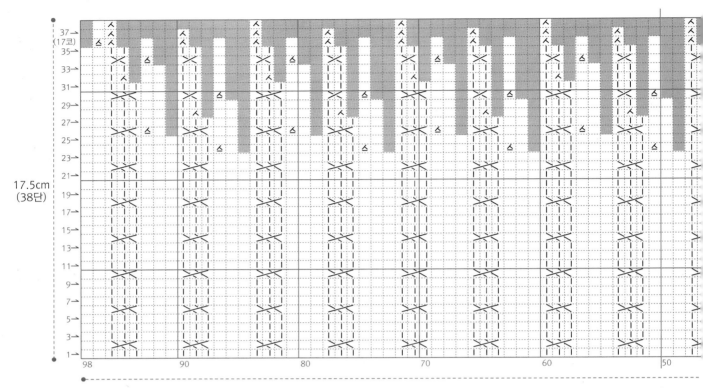

54cm(98코)

17.5cm
(38단)

□□ 겉뜨기
□=□ 안뜨기
☒ 왼코 줄이기
☒ 안뜨기로 왼코 줄이기
☒ 1(겉)대1(겉) 왼코 위 교차뜨기
☒ 1(겉)대2(겉) 왼코 위 교차뜨기
■ 없는 코

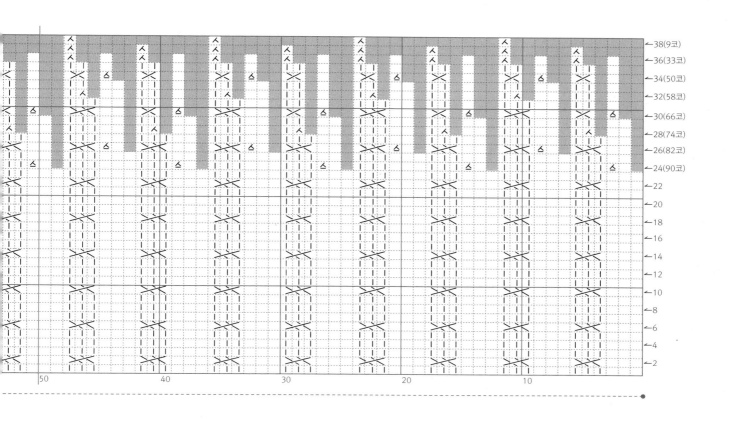

←38(9코)
←36(33코)
←34(50코)
←32(58코)
←30(66코)
←28(74코)
←26(82코)
←24(90코)
←22
←20
←18
←16
←14
←12
←10
←8
←6
←4
←2

50　　　　40　　　　30　　　　20　　　　10

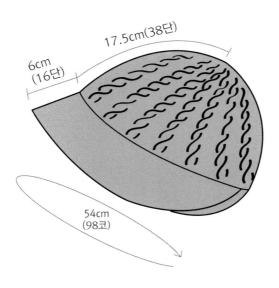

17.5cm(38단)

6cm
(16단)

54cm
(98코)

꽈배기 버킷햇 챙 부분

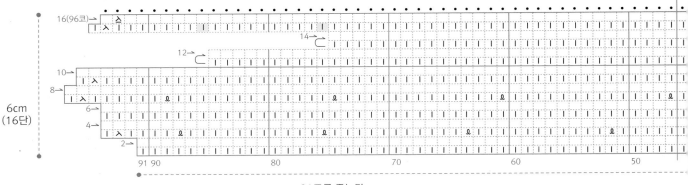

16(96코)

6cm
(16단)

91코를 줍는다.

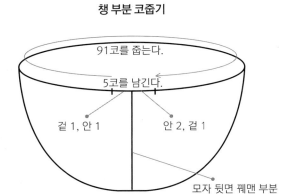

챙 부분 코줍기

91코를 줍는다.

5코를 남긴다.

겉 1, 안 1

안 2, 겉 1

모자 뒷면 꿰맨 부분

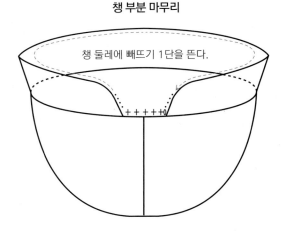

챙 부분 마무리

챙 둘레에 빼뜨기 1단을 뜬다.

		겉뜨기
	=	안뜨기
	人	왼코 줄이기
	么	안뜨기로 왼코 줄이기
	入	오른코 줄이기
	么	안뜨기로 오른코 줄이기
	Ω	끌어올려 겉뜨기로 늘리기
	•	겉뜨기로 코막음

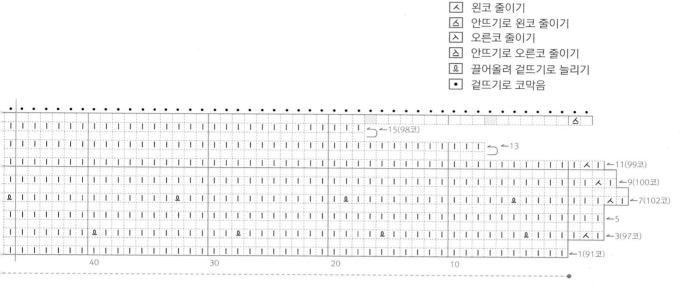

솔리드 버킷햇

남녀노소 누구에게나 어울리는 기본 벙거지 형태 모자예요. 코바늘로 원형코를 잡아 코를
늘려가며 위에서 아래로 뜨고, 짧은뜨기 변형으로 무늬를 넣어 톡톡한 느낌과 질감을 냈어요.
컬러를 달리해 가족 단체모자로 만들어도 좋을 것 같아요.

INFORMATION

사이즈	머리 둘레 54cm, 길이 25cm
사용한 실	리코 에센셜 메가울 트위드 청키 001번(크림색), 리코 에센셜 메가울 청키 019번(파란색) 각 140g
바늘	모사용 코바늘 6/0호 1개
기타 준비물	가위, 돗바늘
난이도	◆ ◆

• 코바늘로 원형코를 잡아 코를 늘려가며 위에서 아래로 떠 내리는 방식이다.

짧C ← 짧은뜨기 | 짧이 ← 짧은 이랑뜨기 | 짧L ← 짧은뜨기 2코 늘려뜨기 | 빼이 ← 빼뜨기 이랑뜨기

HOW TO MAKE

모사용 코바늘 6/0호를 사용하여 원형코를 잡는다.

1단	짧C 6.
2단	짧L 6(총 12코).
3단	(짧C 1, 짧L 1)×6(총 18코).
4단	(짧C 1, 짧L 1, 짧C 1)×6(총 24코).
5단	(짧L 1, 짧C 3)×6(총 30코).
6단	(짧C 2, 짧L 1, 짧C 2)×6(총 36코).
7단	(짧L 1, 짧C 5)×6(총 42코).
8단	(짧C 3, 짧L 1, 짧C 3)×6(총 48코).
9단	(짧L 1, 짧C 7)×6(총 54코).
10단	(짧C 4, 짧L 1, 짧C 4)×6(총 60코).
11단	(짧L 1, 짧C 9)×6(총 66코).
12단	짧C 66.
13단	(짧C 5, 짧L 1, 짧C 5)×6(총 72코).
14단	(짧L 1, 짧C 11)×6(총 78코).
15~24단	짧C 78.
25단	짧이 78.
26단	짧C 78.
27단	25단에 길게 짧이 78.
28단	짧이 78.
29단	짧C 78.
30단	(짧C 5, 짧L 1)×13(총 91코).
31단	짧C 91.
32단	짧C 3, 짧L 1, (짧C 6, 짧L 1)×12, 짧C 3(총 104코).
33단	짧C 104.
34단	(짧C 7, 짧L 1)×13(총 117코).
35~37단	짧C 117.
38단	37단에 길게 짧C 117.
39단	빼이 117.

마무리

1 실을 10cm 이상 두고 자른다.
2 자른 실을 돗바늘에 꿰어 안쪽에서 테두리를 따라 서너 땀 꿰매고, 남은 실은 짧게 잘라 정리한다.

코바늘에서 실 정리하기

솔리드 버킷햇

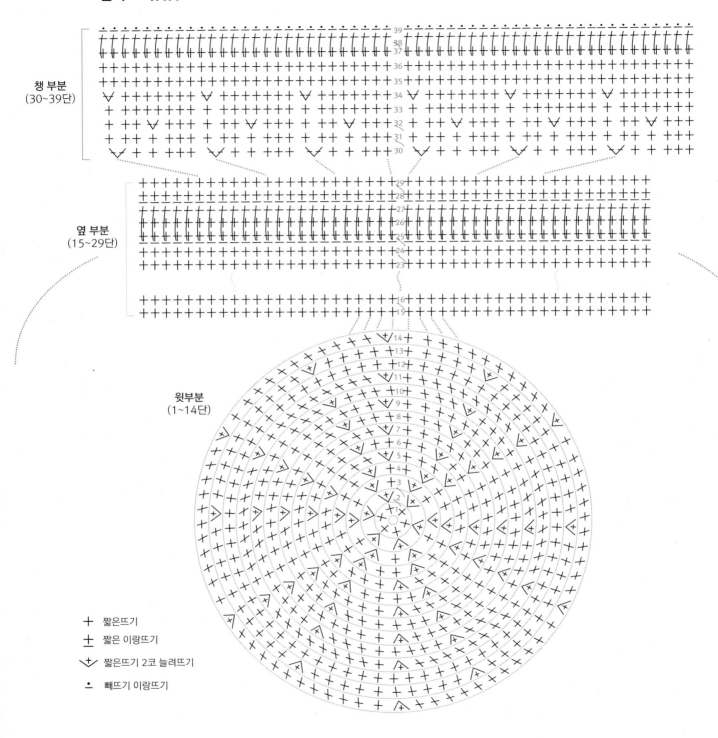

챙 부분
(30~39단)

옆 부분
(15~29단)

윗부분
(1~14단)

+ 짧은뜨기
± 짧은 이랑뜨기
∨∕ 짧은뜨기 2코 늘려뜨기
∙⊷ 빼뜨기 이랑뜨기

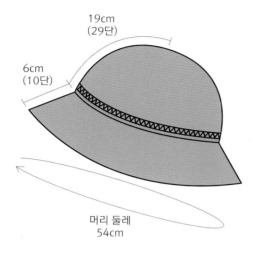

19cm
(29단)

6cm
(10단)

머리 둘레
54cm

심플 베스트

굵은 실로 숭덩숭덩~ 겉뜨기, 안뜨기, 줄임 기법 정도만 알아도 뜰 수 있는 조끼에요. 밑에서부터 떠 올라가는 바텀업 방식으로 작업했어요. 바텀업이든 톱다운이든, 개인마다 즐기는 방식이 있을 텐데요. 소매 없는 베스트는 익숙하지 않은 방식을 연습하기에도 좋은 아이템이에요.

INFORMATION

사이즈 가슴둘레 110cm, 길이 61.5cm(뒤판 기준)
사용한 실 리코 에센셜 메가울 청키 012번(남색) 500g
바늘 줄바늘 5mm 1개, 6mm 1개
기타 준비물 가위, 돗바늘
게이지 가터뜨기 13코×26단
난이도 ◆◆

• 밑에서부터 떠 올라가며 어깨를 연결하는 바텀업(bottom up) 방식으로 작업한다.

겉 ← 겉뜨기 | 안 ← 안뜨기 | 오D ← 오른코 줄이기 | 왼D ← 왼코 줄이기 | 안왼2T ← 안뜨기로 왼코 줄이기

HOW TO MAKE

뒤판

6mm 바늘을 사용하여 '일반코잡기'로 74코를 잡는다.

1단	(안 2, 겉 2)×18, 안 2.
2단	(겉 2, 안 2)×18, 겉 2.
3~16단	1~2단 7회 반복.
17단	(안 2, 겉 2)×18, 안 2.
18~79단	겉 74.
80단	겉뜨기로 코막음 4코, 겉 69(총 70코).
81단	겉뜨기로 코막음 4코, 겉 65(총 66코).
82~83단	겉 66.

84단	겉 2, 왼D 1, 겉 58, 오D 1, 겉 2(총 64코).
85~87단	겉 64.
88단	겉 2, 왼D 1, 겉 56, 오D 1, 겉 2(총 62코).
89~91단	겉 62.
92단	겉 2, 왼D 1, 겉 54, 오D 1, 겉 2(총 60코).
93~95단	겉 60.
96단	겉 2, 왼D 1, 겉 52, 오D 1, 겉 2(총 58코).
97~99단	겉 58.
100단	겉 2, 왼D 1, 겉 50, 오D 1, 겉 2(총 56코).
101~103단	겉 56.
104단	겉 2, 왼D 1, 겉 48, 오D 1, 겉 2(총 54코).
105~143단	겉 54.

[뒷목 줄임, 오른쪽 어깨 되돌아뜨기단]
144단　　　겉 16(1), 남은 코는 쉼코로 두고 뜨개판을 뒤로 돌린다(2).

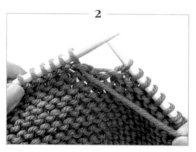

되돌아뜨기

145단 겉 12(1), 실을 앞으로 놓고(2), 왼쪽 바늘의 첫코를 뜨지 않고 오른쪽 바늘에 옮긴다(3, 4). 실을 뒤로 보내고(5), 오른쪽 바늘로 옮겨 놓았던 1코를 다시 왼쪽 바늘로 옮긴다(6, 7). 뜨개판을 뒤로 돌린다(8).

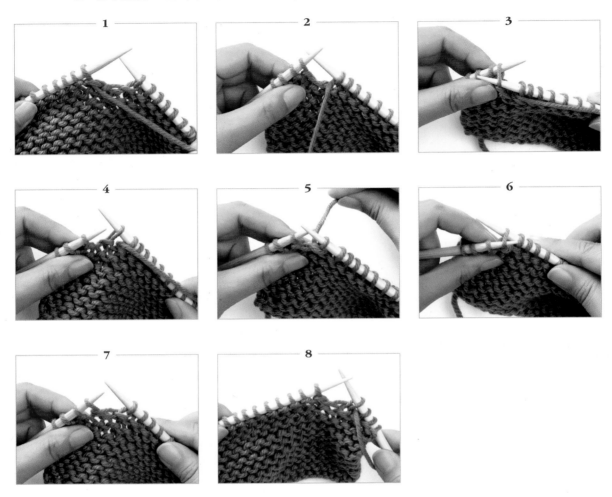

146단   겉 10(1), 왼D 1(2, 3), 뜨개
판을 뒤로 돌린다(4).

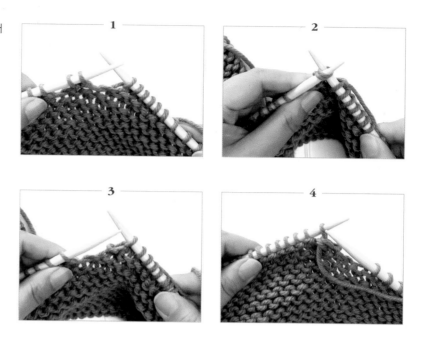

147단   겉 8, 실을 앞으로 놓고(1),
왼쪽 바늘의 첫코를 뜨지 않
고 오른쪽 바늘에 옮긴다(2).
실을 뒤로 보내고(3), 오른쪽
바늘로 옮겨 놓았던 1코를
다시 왼쪽 바늘로 옮긴다(4).
뜨개판을 뒤로 돌린다(5).

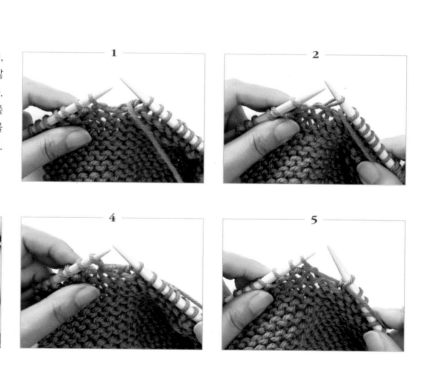

148단	겉 6(1), 왼D 1(2, 3), 뜨개 판을 뒤로 돌린다(4).

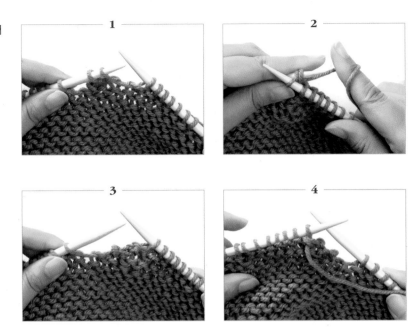

149단	겉 4, 실을 앞으로 놓고, 왼쪽 바늘의 첫코를 뜨지 않고 오른쪽 바늘에 옮긴 다. 실을 뒤로 보내고, 오른쪽 바늘로 옮겨 놓았던 1코를 다시 왼쪽 바늘로 옮긴다. 뜨개판을 뒤로 돌린다(147단 1~5 참조).
150단	겉 4, 뜨개판을 뒤로 돌린다.

151단   겉 4, 왼쪽 바늘 첫코 밑에 걸려 있는 코를 끌어올린다(1, 2). 끌어올린 코와 왼쪽 바늘의 첫코를 한꺼번에 겉뜨기로 뜬다(3, 4). 겉 2, 왼쪽 바늘 첫코 밑에 걸려 있는 코를 끌어올린다(사진 1, 2 참조). 끌어올린 코와 왼쪽 바늘의 첫코를 한꺼번에 겉뜨기로 뜬다(사진 3, 4 참조). 겉 2, 왼쪽 바늘 첫코 밑에 걸려 있는 코를 끌어올린다(사진 1, 2 참조). 끌어올린 코와 왼쪽 바늘의 첫코를 한꺼번에 겉뜨기로 뜬다(사진 3, 4 참조). 겉 3.
실을 10cm 정도 남기고 자른다. 오른쪽 어깨 코 14코를 쉼코로 둔다(5).

[뒷목 줄임, 왼쪽 어깨 되돌아뜨기단]

144단   쉼코로 두었던 38코의 첫코에 새 실을 걸어 겉뜨기로 코막음 22코(1), 겉 11, 실을 앞으로 놓고(2), 왼쪽 바늘의 첫코를 뜨지 않고 오른쪽 바늘에 옮긴다(3). 실을 뒤로 보내고(4), 오른쪽 바늘로 옮겨 놓았던 1코를 다시 왼쪽 바늘로 옮긴다(5). 뜨개판을 뒤로 돌린다(6).

145단   겉 12, 뜨개판을 뒤로 돌린다.
146단   오D 1, 겉 7(1), 실을 앞으로 놓고(2), 왼쪽 바늘의 첫코를 뜨지 않고 오른쪽 바늘에 옮긴다(3). 실을 뒤로 보내고(4), 오른쪽
         바늘로 옮겨 놓았던 1코를 다시 왼쪽 바늘로 옮긴다(5). 뜨개판을 뒤로 돌린다(6).

147단   겉 8, 뜨개판을 뒤로 돌린다.
148단   오D 1, 겉 3(1) 실을 앞으로 놓고(2), 왼쪽 바늘의 첫코를 뜨지 않고 오른쪽 바늘에 옮긴다(3). 실을 뒤로 보내고(4), 오른쪽
         바늘로 옮겨 놓았던 1코를 다시 왼쪽 바늘로 옮긴다(5). 뜨개판을 뒤로 돌린다(6).

149단   겉 4, 뜨개판을 뒤로 돌린다.

150단 겉 4(1), 왼쪽 바늘 첫코 밑에 걸려 있는 코를 끌어올린다(2). 끌어올린 코와 왼쪽 바늘의 첫코를 한꺼번에 겉뜨기로 뜬다(3, 4). 겉 2, 왼쪽 바늘 첫코 밑에 걸려 있는 코를 끌어올린다(사진 2 참조). 끌어올린 코와 왼쪽 바늘의 첫코를 한꺼번에 겉뜨기로 뜬다(사진 3, 4 참조). 겉 2, 왼쪽 바늘 첫코 밑에 걸려 있는 코를 끌어올린다(사진 2 참조). 끌어올린 코와 왼쪽 바늘의 첫코를 한꺼번에 겉뜨기로 뜬다(사진 3, 4 참조). 겉 3, 뜨개판을 뒤로 돌린다.

151단 겉 14.
실을 10cm 정도 남기고 자른다. 왼쪽 어깨 코 14코를 쉼코로 둔다.

앞판

6mm 바늘을 사용하여 '일반코잡기'로 74코를 잡는다.

1단	(안 2, 겉 2)×18, 안 2.
2단	(겉 2, 안 2)×18, 겉 2.
3~10단	1~2단 4회 반복.
11단	(안 2, 겉 2)×18, 안 2.
12~73단	겉 74.
74단	겉뜨기로 코막음 4코, 겉 69(총 70코).
75단	겉뜨기로 코막음 4코, 겉 65(총 66코).
76~77단	겉 66.
78단	겉 2, 왼D 1, 겉 58, 오D 1, 겉 2(총 64코).
79~81단	겉 64.
82단	겉 2, 왼D 1, 겉 56, 오D 1, 겉 2(총 62코).
83~85단	겉 62.
86단	겉 2, 왼D 1, 겉 54, 오D 1, 겉 2(총 60코).
87~89단	겉 60.
90단	겉 2, 왼D 1, 겉 52, 오D 1, 겉 2(총 58코).
91~93단	겉 58.
94단	겉 2, 왼D 1, 겉 50, 오D 1, 겉 2(총 56코).
95~97단	겉 56.
98단	겉 2, 왼D 1, 겉 48, 오D 1, 겉 2(총 54코).
105~123단	겉 54.

[앞목 줄임, 왼쪽 어깨 되돌아뜨기단]

124단	겉 23, 남은 코는 쉼코로 두고 뜨개판을 뒤로 돌린다.
125단	겉뜨기로 코막음 3코, 겉 19, 뜨개판을 뒤로 돌린다(총 20코).
126단	겉 20, 뜨개판을 뒤로 돌린다.
127단	겉뜨기로 코막음 2코, 겉 17, 뜨개판을 뒤로 돌린다(총 18코).
128단	겉 18, 뜨개판을 뒤로 돌린다.
129단	왼D 1, 겉 16, 뜨개판을 뒤로 돌린다(총 17코).
130단	겉 17, 뜨개판을 뒤로 돌린다.
131단	왼D 1, 겉 15, 뜨개판을 뒤로 돌린다(총 16코).
132단	겉 16, 뜨개판을 뒤로 돌린다.
133단	왼D 1, 겉 14, 뜨개판을 뒤로 돌린다(총 15코).
134단	겉 15, 뜨개판을 뒤로 돌린다.
135단	왼D 1, 겉 13, 뜨개판을 뒤로 돌린다(총 14코).
136단	겉 14, 뜨개판을 뒤로 돌린다.
137단	겉 14, 뜨개판을 뒤로 돌린다.
138단	겉 14, 뜨개판을 뒤로 돌린다.

139~145단은 99~103쪽 '뒷목 줄임, 오른쪽 어깨 되돌아뜨기단' 144~151단 '되돌아뜨기'의 사진과 설명을

참고하되, 앞목 줄임 부분은 이하 각 단의 설명대로 진행한다.

139단	겉 10, 실을 앞으로 놓고, 왼쪽 바늘의 첫코를 뜨지 않고 오른쪽 바늘에 옮긴다. 실을 뒤로 보내고, 오른쪽 바늘로 옮겨 놓았던 1코를 다시 왼쪽 바늘로 옮긴다. 뜨개판을 뒤로 돌린다.
140단	겉 10, 뜨개판을 뒤로 돌린다.
141단	겉 7, 실을 앞으로 놓고, 왼쪽 바늘의 첫코를 뜨지 않고 오른쪽 바늘에 옮긴다. 실을 뒤로 보내고, 오른쪽 바늘로 옮겨 놓았던 1코를 다시 왼쪽 바늘로 옮긴다. 뜨개판을 뒤로 돌린다.
142단	겉 7, 뜨개판을 뒤로 돌린다.
143단	겉 4, 실을 앞으로 놓고, 왼쪽 바늘의 첫코를 뜨지 않고 오른쪽 바늘에 옮긴다. 실을 뒤로 보내고, 오른쪽 바늘로 옮겨 놓았던 1코를 다시 왼쪽 바늘로 옮긴다. 뜨개판을 뒤로 돌린다.
144단	겉 4, 뜨개판을 뒤로 돌린다.
145단	겉 4, 왼쪽 바늘 첫코 밑에 걸려 있는 코를 끌어올린다. 끌어올린 코와 왼쪽 바늘의 첫코를 한꺼번에 겉뜨기로 뜬다. 겉 2, 왼쪽 바늘 첫코 밑에 걸려 있는 코를 끌어올린다. 끌어올린 코와 왼쪽 바늘의 첫코를 한꺼번에 겉뜨기로 뜬다. 겉 2, 왼쪽 바늘 첫코 밑에 걸려 있는 코를 끌어올린다. 끌어올린 코와 왼쪽 바늘의 첫코를 한꺼번에 겉뜨기로 뜬다. 겉 3.

실을 10cm 정도 남기고 자른다. 왼쪽 어깨 코 14코를 쉼코로 둔다.

[앞목 줄임, 오른쪽 어깨 되돌아뜨기단]

124단	쉼코로 두었던 31코의 첫코에 새 실을 걸어 겉뜨기로 코막음 8코, 겉 22, 뜨개판을 뒤로 돌린다.
125단	겉 23, 뜨개판을 뒤로 돌린다(총 23코).
126단	겉뜨기로 코막음 3코, 겉 19, 뜨개판을 뒤로 돌린다(총 20코).
127단	겉 20, 뜨개판을 뒤로 돌린다.
128단	겉뜨기로 코막음 2코, 겉 17, 뜨개판을 뒤로 돌린다(총 18코).
129단	겉 18, 뜨개판을 뒤로 돌린다.
130단	오D 1, 겉 16, 뜨개판을 뒤로 돌린다(총 17코).
131단	겉 17, 뜨개판을 뒤로 돌린다.
132단	오D 1, 겉 15, 뜨개판을 뒤로 돌린다(총 16코).
133단	겉 16, 뜨개판을 뒤로 돌린다.
134단	오D 1, 겉 14, 뜨개판을 뒤로 돌린다(총 15코).
135단	겉 15, 뜨개판을 뒤로 돌린다.
136단	오D 1, 겉 13, 뜨개판을 뒤로 돌린다(총 14코).
137단	겉 14, 뜨개판을 뒤로 돌린다.

138~145단은 103~105쪽 '뒷목 줄임, 왼쪽 어깨 되돌아뜨기단' 144~151단 '되돌아뜨기'의 사진과 설명을

참고하되, 앞목 줄임 부분은 이하 각 단의 설명대로 진행한다.

138단   겉 10, 실을 앞으로 놓고, 왼쪽 바늘의 첫코를 뜨지 않고 오른쪽 바늘에 옮긴다. 실을 뒤로 보내고, 오른쪽 바늘로 옮겨 놓았던 1코를 다시 왼쪽 바늘로 옮긴다. 뜨개판을 뒤로 돌린다.

139단   겉 10, 뜨개판을 뒤로 돌린다.

140단   겉 7, 실을 앞으로 놓고, 왼쪽 바늘의 첫코를 뜨지 않고 오른쪽 바늘에 옮긴다. 실을 뒤로 보내고, 오른쪽 바늘로 옮겨 놓았던 1코를 다시 왼쪽 바늘로 옮긴다. 뜨개판을 뒤로 돌린다.

141단   겉 7, 뜨개판을 뒤로 돌린다.

142단   겉 4, 실을 앞으로 놓고, 왼쪽 바늘의 첫코를 뜨지 않고 오른쪽 바늘에 옮긴다. 실을 뒤로 보내고, 오른쪽 바늘로 옮겨 놓았던 1코를 다시 왼쪽 바늘로 옮긴다. 뜨개판을 뒤로 돌린다.

143단   겉 4, 뜨개판을 뒤로 돌린다.

144단   겉 4, 왼쪽 바늘 첫코 밑에 걸려 있는 코를 끌어올린다. 끌어올린 코와 왼쪽 바늘의 첫코를 한꺼번에 겉뜨기로 뜬다. 겉 2, 왼쪽 바늘 첫코 밑에 걸려 있는 코를 끌어올린다. 끌어올린 코와 왼쪽 바늘의 첫코를 한꺼번에 겉뜨기로 뜬다. 겉 2, 왼쪽 바늘 첫코 밑에 걸려 있는 코를 끌어올린다. 끌어올린 코와 왼쪽 바늘의 첫코를 한꺼번에 겉뜨기로 뜬다. 겉 3.

145단   겉 14.

실을 10cm 정도 남기고 자른다. 오른쪽 어깨 코 14코를 쉼코로 둔다.

앞/뒤판 연결

1   앞판과 뒤판의 겉과 겉을 맞대고 앞뒤 어깨 코 2코씩을 한꺼번에 겉뜨기로 뜨면서 '덮어씌워 잇기'를 한다.

2   109쪽 설명 및 사진을 참조하여 앞, 뒤판의 옆선을 '돗바늘 가터 잇기'로 연결한다.

목둘레단

5mm 바늘을 사용하여 목둘레에서 80코를 주워 원형뜨기로 뜬다.

1~5단   (겉 2, 안 2)×20.
겉뜨기코는 겉뜨기로, 안뜨기코는 안뜨기로 뜨면서 느슨하게 '덮어씌워 코막음'(184쪽 참조)을 한다.

진동둘레단

5mm 바늘을 사용하여 진동둘레에서 96코를 줍는다(113쪽 그림 참조).

1단   안 3, (겉 2, 안 2)×23, 안 1.
2단   겉 3, (안 2, 겉 2)×23, 겉 1.
3~4단   1~2단 1회 반복.
5단   안 3, (겉 2, 안 2)×23, 안 1.
겉뜨기 코는 겉뜨기로, 안뜨기 코는 안뜨기로 뜨면서 느슨하게 '덮어씌워 코막음' 한다.
진동둘레단의 옆선은 돗바늘에 실을 꿰어 '단과 코 잇기'로 마감한다.

마무리

64쪽 '대바늘에서 실 정리하기'를 참조해 마무리한다.

돗바늘 가터 잇기

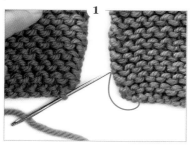

가터뜨기로 작업한 편물을 나란히 놓고 처음 시작 부분에 돗바늘을 넣은 후 화살표 방향으로 다시 돗바늘을 넣는다.

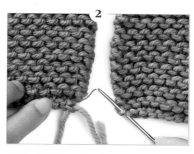

돗바늘을 넣은 모습. 화살표 방향으로 돗바늘을 넣는다.

돗바늘을 넣은 모습. 화살표 방향으로 돗바늘을 넣는다.

돗바늘을 넣은 모습. 화살표 방향으로 돗바늘을 넣는다.

돗바늘을 넣은 모습. 화살표 방향으로 돗바늘을 넣는다.

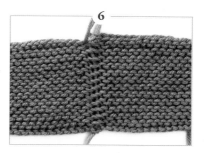

같은 방법으로 끝까지 반복한다. 완성한 모습.

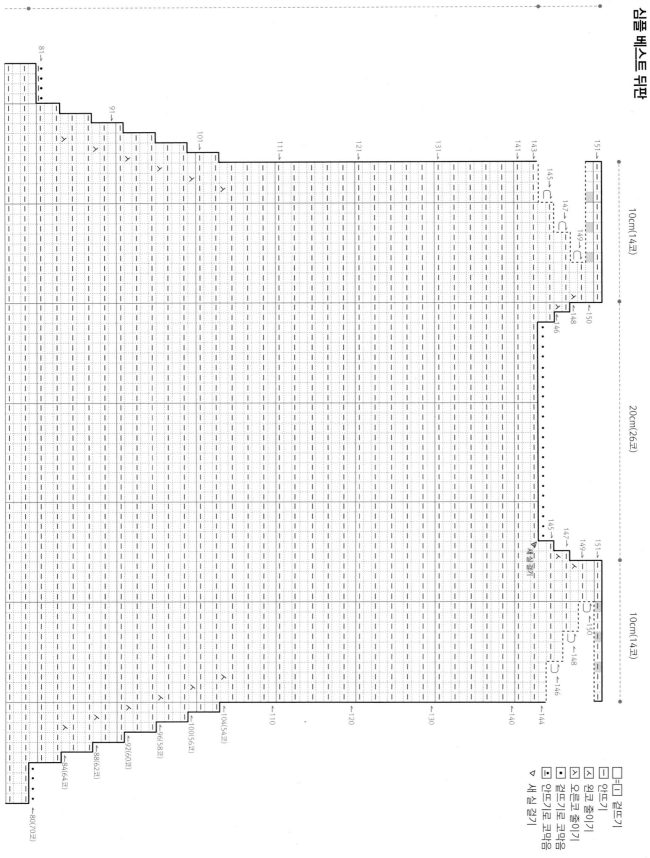

샘플 베스트 뒤판

3cm
(8단)

25cm
(64코)

10cm(14코)

20cm(26코)

10cm(14코)

=□ 걸뜨기
─ 안뜨기
人 왼코 줄이기
● 오른코 줄이기
人 걸뜨기로 코막음
● 안뜨기로 코막음
▷ 새 실 걸기

110

샘플 베스트 앞판

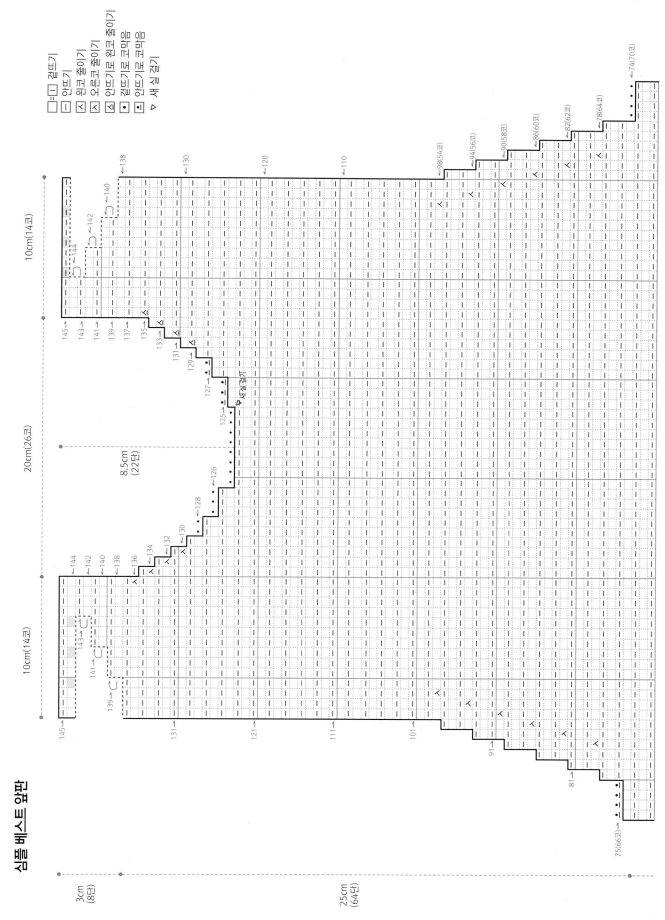

심플 베스트

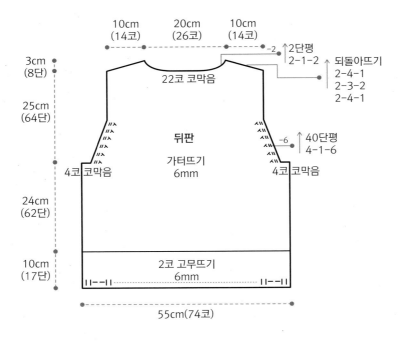

10cm (14코)　20cm (26코)　10cm (14코)

3cm (8단)

25cm (64단)

−2　↑2단평　2-1-2

되돌아뜨기
2-4-1
2-3-2
2-4-1

22코 코막음

뒤판

가터뜨기
6mm

−6　↑40단평　4-1-6

4코 코막음　　　　　4코 코막음

24cm (62단)

10cm (17단)

2코 고무뜨기
6mm

55cm(74코)

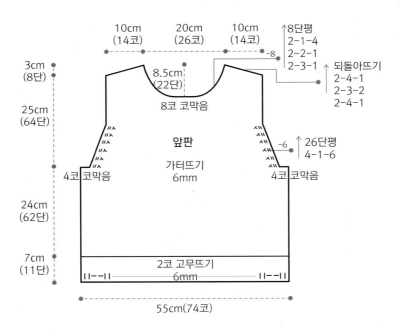

10cm (14코)　20cm (26코)　10cm (14코)

↑8단평
2-1-4
2-2-1
2-3-1

되돌아뜨기
2-4-1
2-3-2
2-4-1

3cm (8단)

25cm (64단)

−8

8.5cm (22단)

8코 코막음

앞판

가터뜨기
6mm

−6　↑26단평　4-1-6

4코 코막음　　　　　4코 코막음

24cm (62단)

7cm (11단)

2코 고무뜨기
6mm

55cm(74코)

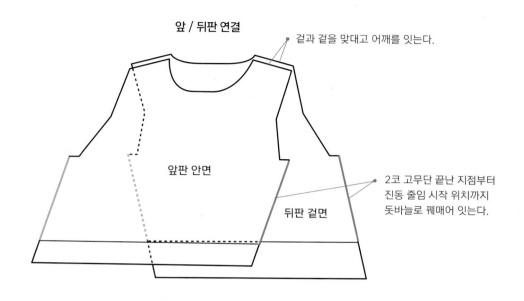

앞 / 뒤판 연결

겉과 겉을 맞대고 어깨를 잇는다.

앞판 안면

뒤판 겉면

2코 고무단 끝난 지점부터
진동 줄임 시작 위치까지
돗바늘로 꿰매어 잇는다.

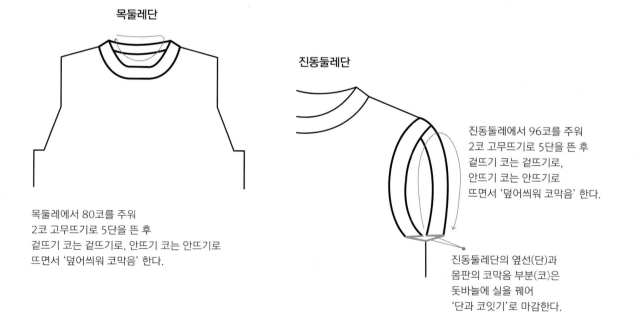

목둘레단

목둘레에서 80코를 주워
2코 고무뜨기로 5단을 뜬 후
겉뜨기 코는 겉뜨기로, 안뜨기 코는 안뜨기로
뜨면서 '덮어씌워 코막음' 한다.

진동둘레단

진동둘레에서 96코를 주워
2코 고무뜨기로 5단을 뜬 후
겉뜨기 코는 겉뜨기로,
안뜨기 코는 안뜨기로
뜨면서 '덮어씌워 코막음' 한다.

진동둘레단의 옆선(단)과
몸판의 코막음 부분(코)은
돗바늘에 실을 꿰어
'단과 코잇기'로 마감한다.

옆트임 베스트

옆선의 일부분만 연결해 편하게 입을 수 있는 조끼입니다. 레이어드한 이너웨어가 많거나 부피감이 있을 때 걸쳐 입기 편해요. 앞뒤 언밸런스한 길이로 활동성도 좋습니다. 그러데이션 실을 사용하면 따로 배색하지 않아도 이렇게 자연스러운 무늬가 나와요.

INFORMATION

사이즈	가슴둘레 88cm, 길이 69cm(뒤판 기준)
사용한 실	랑 스노플레이크(Snowflake) 0092번(연두색 그러데이션) 250g
바늘	줄바늘 7mm 1개, 8mm 1개
기타 준비물	가위, 돗바늘, 마커 8개
게이지	메리야스뜨기 12.5코×19단

난이도 ♦♦

• 밑에서부터 떠 올라가 어깨를 연결하는 바텀업 방식으로 뜬다.

겉 ← 겉뜨기 | 안 ← 안뜨기 | 오D ← 오른코 줄이기 | 왼D ← 왼코 줄이기 | 겉S ← 겉뜨기로 걸러뜨기 | 안S ← 안뜨기로 걸러뜨기 | 안왼2T ← 안뜨기로 왼코 줄이기 | 안오2T ← 안뜨기로 오른코 줄이기

HOW TO MAKE

뒤판

7mm 바늘을 사용하여 '일반코잡기'로 73코를 잡는다.

1단	안S 1, (안 1, 겉 1)×35, 안S 1, 안 1.
2단	겉S 1, (겉 1, 안 1)×35, 겉S 1, 겉 1.
3~20단	1~2단 9회 반복.
21단	안S 1, (안 1, 겉 1)×35, 안S 1, 안 1.

8mm 바늘로 바꾼다.

22단	겉S 1, (겉 1, 안 1)×3, 겉 59, (안 1, 겉 1)×2, 안 1, 겉S 1, 겉 1.
23단	안S 1, (안 1, 겉 1)×3, 안 59, (겉 1, 안 1)×2, 겉 1, 안S 1, 안 1.
24~33단	22~23단 5회 반복.
34단	겉S 1, (겉 1, 안 1)×3, 왼D 1, 겉 55, 오D 1, (안 1, 겉 1)×2, 안 1, 겉S 1, 겉 1(총 71코).
35단	안S 1, (안 1, 겉 1)×3, 안 57, (겉 1, 안 1)×2, 겉 1, 안S 1, 안 1.
36단	겉S 1, (겉 1, 안 1)×3, 겉 57, (안 1, 겉 1)×2, 안 1, 겉S 1, 겉 1.
37단	안S 1, (안 1, 겉 1)×3, 안 57, (겉 1, 안 1)×2, 겉 1, 안S 1, 안 1.
38~45단	36~37단 4회 반복.
46단	겉S 1, (겉 1, 안 1)×3, 왼D 1, 겉 53, 오D 1, (안 1, 겉 1)×2, 안 1, 겉S 1, 겉 1(총 69코).
47단	안S 1, (안 1, 겉 1)×3, 안 55, (겉 1, 안 1)×2, 겉 1, 안S 1, 안 1.
48단	겉S 1, (겉 1, 안 1)×3, 겉 55, (안 1, 겉 1)×2, 안 1, 겉S 1, 겉 1.
49단	안S 1, (안 1, 겉 1)×3, 안 55, (겉 1, 안 1)×2, 겉 1, 안S 1, 안 1.
50~57단	48~49단 4회 반복.
58단	(첫코와 마지막 코에 마커 표시) 겉 1, (겉 1, 안 1)×3, 왼D 1, 겉 51, 오D 1, (안 1, 겉 1)×3, 겉 1(총 67코).
59단	안 1, (안 1, 겉 1)×3, 안 53, (겉 1, 안 1)×3, 안 1.
60단	겉 1, (겉 1, 안 1)×3, 겉 53, (안 1, 겉 1)×3, 겉 1.
61단	안 1, (안 1, 겉 1)×3, 안 53, (겉 1, 안 1)×3, 안 1.
62~69단	60~61단 4회 반복. 69단의 첫코와 마지막 코에 마커 표시를 한다.
70단	겉 1, (겉 1, 안 1)×3, 왼D 1, 겉 49, 오D 1, (안 1, 겉 1)×2, 안 1, 겉S 1, 겉 1(총 65코).
71단	안S 1, (안 1, 겉 1)×3, 안 51, (겉 1, 안 1)×2, 겉 1, 안S 1, 안 1.
72단	겉S 1, (겉 1, 안 1)×3, 왼D 1, 겉 47, 오D 1, (안 1, 겉 1)×2, 안 1, 겉S 1, 겉 1(총 63코).
73단	안S 1, (안 1, 겉 1)×3, 안 49, (겉 1, 안 1)×2, 겉 1, 안S 1, 안 1.
74단	겉S 1, (겉 1, 안 1)×3, 겉 49, (안 1, 겉 1)×2, 안 1, 겉S 1, 겉 1.
75단	안S 1, (안 1, 겉 1)×3, 안 49, (겉 1, 안 1)×2, 겉 1, 안S 1, 안 1.
76단	겉S 1, (겉 1, 안 1)×3, 왼D 1, 겉 45, 오D 1, (안 1, 겉 1)×2, 안 1, 겉S 1, 겉 1(총 61코).
77단	안S 1, (안 1, 겉 1)×3, 안 47, (겉 1, 안 1)×2, 겉 1, 안S 1, 안 1.
78단	겉S 1, (겉 1, 안 1)×3, 겉 47, (안 1, 겉 1)×2, 안 1, 겉S 1, 겉 1.
79단	안S 1, (안 1, 겉 1)×3, 안 47, (겉 1, 안 1)×2, 겉 1, 안S 1, 안 1.
80단	겉S 1, (겉 1, 안 1)×3, 왼D 1, 겉 43, 오D 1, (안 1, 겉 1)×2, 안 1, 겉S 1, 겉 1(총 59코).
81단	안S 1, (안 1, 겉 1)×3, 안 45, (겉 1, 안 1)×2, 겉 1, 안S 1, 안 1.
82단	겉S 1, (겉 1, 안 1)×3, 겉 45, (안 1, 겉 1)×2, 안 1, 겉S 1, 겉 1.
83~84단	81~82단 1회 반복.
85단	안S 1, (안 1, 겉 1)×3, 안 45, (겉 1, 안 1)×2, 겉 1, 안S 1, 안 1.
86단	겉S 1, (겉 1, 안 1)×3, 왼D 1, 겉 41, 오D 1, (안

1, 겉 1)×2, 안 1, 겉S 1, 겉 1(총 57코).

87단   안S 1, (안 1, 겉 1)×3, 안 43, (겉 1, 안 1)×2, 겉
1, 안S 1, 안 1.

88단   겉S 1, (겉 1, 안 1)×3, 겉 43, (안 1, 겉 1)×2, 안
1, 겉S 1, 겉 1.

89~128단   87~88단 20회 반복.

129단   안S 1, (안 1, 겉 1)×3, 안 43, (겉 1, 안 1)×2, 겉
1, 안S 1, 안 1.

[뒷목 줄임, 오른쪽 어깨 되돌아뜨기단]

130단   겉S 1, (겉 1, 안 1)×3, 겉 9, 남은 코는 쉼코로 두
고 뜨개판을 뒤로 돌린다.

131단   안왼2T 1, 안 6, 실을 앞으로 놓고, 왼쪽 바늘의 첫
코를 뜨지 않고 오른쪽 바늘에 옮긴다. 실을 뒤로
보내고, 오른쪽 바늘로 옮겨 놓았던 1코를 다시 왼
쪽 바늘로 옮긴다. 뜨개판을 뒤로 돌린다.

132단   겉 7, 뜨개판을 뒤로 돌린다.

133단   안 7, 왼쪽 바늘 첫코 밑에 걸려 있는 코를 끌어올
린다. 끌어올린 코와 왼쪽 바늘의 첫코를 한꺼번에
안뜨기로 뜬다. (겉 1, 안 1)×2, 겉 1, 안S 1, 안 1.

실을 10cm 정도 남기고 자른다. 오른쪽 어깨 코 15코를 쉼코로
둔다.

[뒷목 줄임, 왼쪽 어깨 되돌아뜨기단]

130단   쉼코로 두었던 41코의 첫코에 새 실을 걸어 겉뜨기
로 코막음 25코, 겉 7, 실을 앞으로 놓고, 왼쪽 바
늘의 첫코를 뜨지 않고 오른쪽 바늘에 옮긴다. 실을
뒤로 보내고, 오른쪽 바늘로 옮겨 놓았던 1코를 다
시 왼쪽 바늘로 옮긴다. 뜨개판을 뒤로 돌린다.

131단   안 6, 안오2T 1, 뜨개판을 뒤로 돌린다.

132단   겉 7, 왼쪽 바늘 첫코 밑에 걸려 있는 코를 끌어올
린다. 끌어올린 코와 왼쪽 바늘의 첫코를 한꺼번에
겉뜨기로 뜬다. (안 1, 겉 1)×2, 안 1, 겉S 1, 겉 1.

133단   안S 1, (안 1, 겉 1)×3, 안 8.

실을 10cm 정도 남기고 자른다. 왼쪽 어깨 코 15코를 쉼코로
둔다.

앞판

7mm 바늘을 사용하여 '일반코잡기'로 73코를 잡는다.

1단   안S 1, (안 1, 겉 1)×35, 안S 1, 안 1.

2단   겉S 1, (겉 1, 안 1)×35, 겉S 1, 겉 1.

3~10단   1~2단 4회 반복.

11단   안S 1, (안 1, 겉 1)×35, 안S 1, 안 1.

8mm 바늘로 바꾼다.

12단   겉S 1, (겉 1, 안 1)×3, 겉 59, (안 1, 겉 1)×2, 안
1, 겉S 1, 겉 1.

13단   안S 1, (안 1, 겉 1)×3, 안 59, (겉 1, 안 1)×2, 겉
1, 안S 1, 안 1.

14~23단   12~13단 5회 반복.

24단   겉S 1, (겉 1, 안 1)×3, 왼D 1, 겉 55, 오D 1, (안
1, 겉 1)×2, 안 1, 겉S 1, 겉 1(총 71코).

25단   안S 1, (안 1, 겉 1)×3, 안 57, (겉 1, 안 1)×2, 겉
1, 안S 1, 안 1.

26단   겉S 1, (겉 1, 안 1)×3, 겉 57, (안 1, 겉 1)×2, 안
1, 겉S 1, 겉 1.

27단   안S 1, (안 1, 겉 1)×3, 안 57, (겉 1, 안 1)×2, 겉
1, 안S 1, 안 1.

28~35단   26~27단 4회 반복.

36단   겉S 1, (겉 1, 안 1)×3, 왼D 1, 겉 53, 오D 1, (안
1, 겉 1)×2, 안 1, 겉S 1, 겉 1(총 69코).

37단   안S 1, (안 1, 겉 1)×3, 안 55, (겉 1, 안 1)×2, 겉
1, 안S 1, 안 1.

38단   겉S 1, (겉 1, 안 1)×3, 겉 55, (안 1, 겉 1)×2, 안
1, 겉S 1, 겉 1.

39단   안S 1, (안 1, 겉 1)×3, 안 55, (겉 1, 안 1)×2, 겉
1, 안S 1, 안 1.

40~47단   38~39단 4회 반복.

48단   (첫코와 마지막 코에 마커 표시) 겉 1, (겉 1, 안 1)
×3, 왼D 1, 겉 51, 오D 1, (안 1, 겉 1)×3, 겉
1(총 67코).

49단   안 1, (안 1, 겉 1)×3, 안 53, (겉 1, 안 1)×3, 안 1.

50단   겉 1, (겉 1, 안 1)×3, 겉 53, (안 1, 겉 1)×3, 겉 1.

51단   안 1, (안 1, 겉 1)×3, 안 53, (겉 1, 안 1)×3, 안 1.

52~59단	50~51단 4회 반복. 59단의 첫코와 마지막 코에 마커 표시를 한다.
60단	겉S 1, (겉 1, 안 1)×3, 왼D 1, 겉 49, 오D 1, (안 1, 겉 1)×2, 안 1, 겉S 1, 겉 1(총 65코).
61단	안S 1, (안 1, 겉 1)×3, 안 51, (겉 1, 안 1)×2, 겉 1, 안S 1, 안 1.
62단	겉S 1, (겉 1, 안 1)×3, 왼D 1, 겉 47, 오D 1, (안 1, 겉 1)×2, 안 1, 겉S 1, 겉 1(총 63코).
63단	안S 1, (안 1, 겉 1)×3, 안 49, (겉 1, 안 1)×2, 겉 1, 안S 1, 안 1.
64단	겉S 1, (겉 1, 안 1)×3, 겉 49, (안 1, 겉 1)×2, 안 1, 겉S 1, 겉 1.
65단	안S 1, (안 1, 겉 1)×3, 안 49, (겉 1, 안 1)×2, 겉 1, 안S 1, 안 1.
66단	겉S 1, (겉 1, 안 1)×3, 왼D 1, 겉 45, 오D 1, (안 1, 겉 1)×2, 안 1, 겉S 1, 겉 1(총 61코).
67단	안S 1, (안 1, 겉 1)×3, 안 47, (겉 1, 안 1)×2, 겉 1, 안S 1, 안 1.
68단	겉S 1, (겉 1, 안 1)×3, 겉 47, (안 1, 겉 1)×2, 안 1, 겉S 1, 겉 1.
69단	안S 1, (안 1, 겉 1)×3, 안 47, (겉 1, 안 1)×2, 겉 1, 안S 1, 안 1.
70단	겉S 1, (겉 1, 안 1)×3, 왼D 1, 겉 43, 오D 1, (안 1, 겉 1)×2, 안 1, 겉S 1, 겉 1(총 59코).
71단	안S 1, (안 1, 겉 1)×3, 안 45, (겉 1, 안 1)×2, 겉 1, 안S 1, 안 1.
72단	겉S 1, (겉 1, 안 1)×3, 겉 45, (안 1, 겉 1)×2, 안 1, 겉S 1, 겉 1.
73~74단	71~72단 1회 반복.
75단	안S 1, (안 1, 겉 1)×3, 안 45, (겉 1, 안 1)×2, 겉 1, 안S 1, 안 1.
76단	겉S 1, (겉 1, 안 1)×3, 왼D 1, 겉 41, 오D 1, (안 1, 겉 1)×2, 안 1, 겉S 1, 겉 1(총 57코).
77단	안S 1, (안 1, 겉 1)×3, 안 43, (겉 1, 안 1)×2, 겉 1, 안S 1, 안 1.

78단	겉S 1, (겉 1, 안 1)×3, 겉 43, (안 1, 겉 1)×2, 안 1, 겉S 1, 겉 1.
79~106단	77~78단 14회 반복.
107단	안S 1, (안 1, 겉 1)×3, 안 43, (겉 1, 안 1)×2, 겉 1, 안S 1, 안 1.

[앞목 줄임, 왼쪽 어깨 되돌아뜨기단]

108단	겉S 1, (겉 1, 안 1)×3, 겉 17, 남은 코는 쉼코로 두고 뜨개판을 뒤로 돌린다.
109단	안뜨기로 코막음 3코, 안 13, (겉 1, 안 1)×2, 겉 1, 안S 1, 안 1(총 21코).
110단	겉S 1, (겉 1, 안 1)×3, 겉 14.
111단	안뜨기로 코막음 2코, 안 11, (겉 1, 안 1)×2, 겉 1, 안S 1, 안 1(총 19코).
112단	겉S 1, (겉 1, 안 1)×3, 겉 12.
113단	안뜨기로 코막음 2코, 안 9, (겉 1, 안 1)×2, 겉 1, 안S 1, 안 1(총 17코).
114단	겉S 1, (겉 1, 안 1)×3, 겉 10.
115단	안왼2T 1, 안 8, (겉 1, 안 1)×2, 겉 1, 안S 1, 안 1(총 16코).
116단	겉S 1, (겉 1, 안 1)×3, 겉 9.
117단	안왼2T 1, 안 7, (겉 1, 안 1)×2, 겉 1, 안S 1, 안 1(총 15코).
118단	겉S 1, (겉 1, 안 1)×3, 겉 8.
119단	안 8, (겉 1, 안 1)×2, 겉 1, 안S 1, 안 1.
120단	겉S 1, (겉 1, 안 1)×3, 겉 8.
121단	안 7, 실을 앞으로 놓고, 왼쪽 바늘의 첫코를 뜨지 않고 오른쪽 바늘에 옮긴다. 실을 뒤로 보내고, 오른쪽 바늘로 옮겨 놓았던 1코를 다시 왼쪽 바늘로 옮긴다. 뜨개판을 뒤로 돌린다.
122단	겉 7, 뜨개판을 뒤로 돌린다.
123단	안 7, 왼쪽 바늘 첫코 밑에 걸려 있는 코를 끌어올린다. 끌어올린 코와 왼쪽 바늘의 첫코를 한꺼번에 안뜨기로 뜬다. (겉 1, 안 1)×2, 겉 1, 안S 1, 안 1.

실을 10cm 정도 남기고 자른다. 왼쪽 어깨 코 15코를 쉼코로 둔다.

[앞목 줄임, 오른쪽 어깨 되돌아뜨기단]

108단	쉼코로 두었던 33코의 첫코에 새 실을 걸어 겉뜨기로 코막음 9코, 겉 16, (안 1, 겉 1)×2, 안 1, 겉S 1, 겉 1(총 24코)
109단	안S 1, (안 1, 겉 1)×3, 안 17.
110단	겉뜨기로 코막음 3코, 겉 13, (안 1, 겉 1)×2, 안 1, 겉S 1, 겉 1(총 21코).
111단	안S 1, (안 1, 겉 1)×3, 안 14.
112단	겉뜨기로 코막음 2코, 겉 11, (안 1, 겉 1)×2, 안 1, 겉S 1, 겉 1(총 19코).
113단	안S 1, (안 1, 겉 1)×3, 안 12.
114단	겉뜨기로 코막음 2코, 겉 9, (안 1, 겉 1)×2, 안 1, 겉S 1, 겉 1(총 17코).
115단	안S 1, (안 1, 겉 1)×3, 안 10.
116단	겉오D 1, 겉 8, (안 1, 겉 1)×2, 안 1, 겉S 1, 겉 1(총 16코).
117단	안S 1, (안 1, 겉 1)×3, 안 9.
118단	겉오D 1, 겉 7, (안 1, 겉 1)×2, 안 1, 겉S 1, 겉 1(총 15코).
119단	안S 1, (안 1, 겉 1)×3, 안 8.
120단	겉 7, 실을 앞으로 놓고, 왼쪽 바늘의 첫코를 뜨지 않고 오른쪽 바늘에 옮긴다. 실을 뒤로 보내고, 오른쪽 바늘로 옮겨 놓았던 1코를 다시 왼쪽 바늘로 옮긴다. 뜨개판을 뒤로 돌린다.
121단	안 7, 뜨개판을 뒤로 돌린다.
122단	겉 7, 왼쪽 바늘 첫코 밑에 걸려 있는 코를 끌어올린다. 끌어올린 코와 왼쪽 바늘의 첫코를 한꺼번에 겉뜨기로 뜬다. (안 1, 겉 1)×2, 안 1, 겉S 1, 겉 1.
123단	안S 1, (안 1, 겉 1)×3, 안 8.

실을 10cm 정도 남기고 자른다. 오른쪽 어깨 코 15코를 쉼코로 둔다.

앞/뒤판 연결

1   앞판과 뒤판의 겉과 겉을 맞대고 앞뒤 어깨 코 2코씩을 한꺼번에 겉뜨기로 뜨면서 '덮어씌워 잇기'를 한다.
2   앞, 뒤판의 마커로 표시해둔 부분을 '메리야스 잇기'로 연결한다.

목둘레단

7mm 바늘을 사용하여 목둘레에서 68코를 주워 원형뜨기로 뜬다.

1~5단   (겉 2, 안 2)×17.
겉뜨기 코는 겉뜨기로, 안뜨기 코는 안뜨기로 뜨면서 느슨하게 '덮어씌워 코막음'(184쪽 참조)을 한다.

마무리

64쪽 '대바늘에서 실 정리하기'를 참조해 마무리한다.

옆트임 베스트 뒤판

120

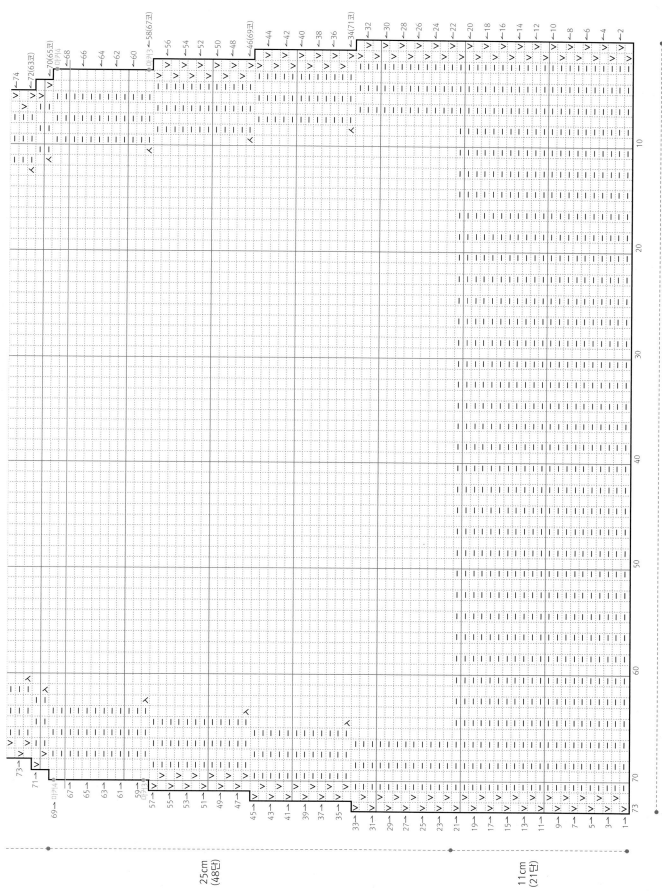

58cm(73코)

25cm
(48단)

11cm
(21단)

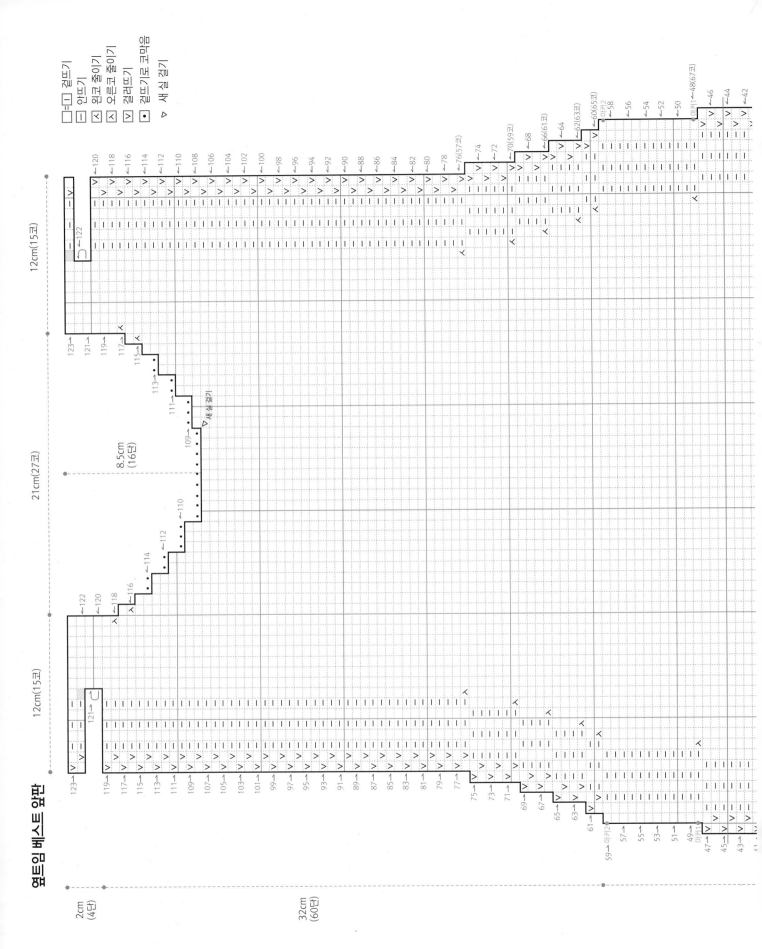

열림 베스트 앞판

겉뜨기
안뜨기
왼코 줄이기
오른코 줄이기
걸러뜨기
겉뜨기로 코막음
새실 걸기

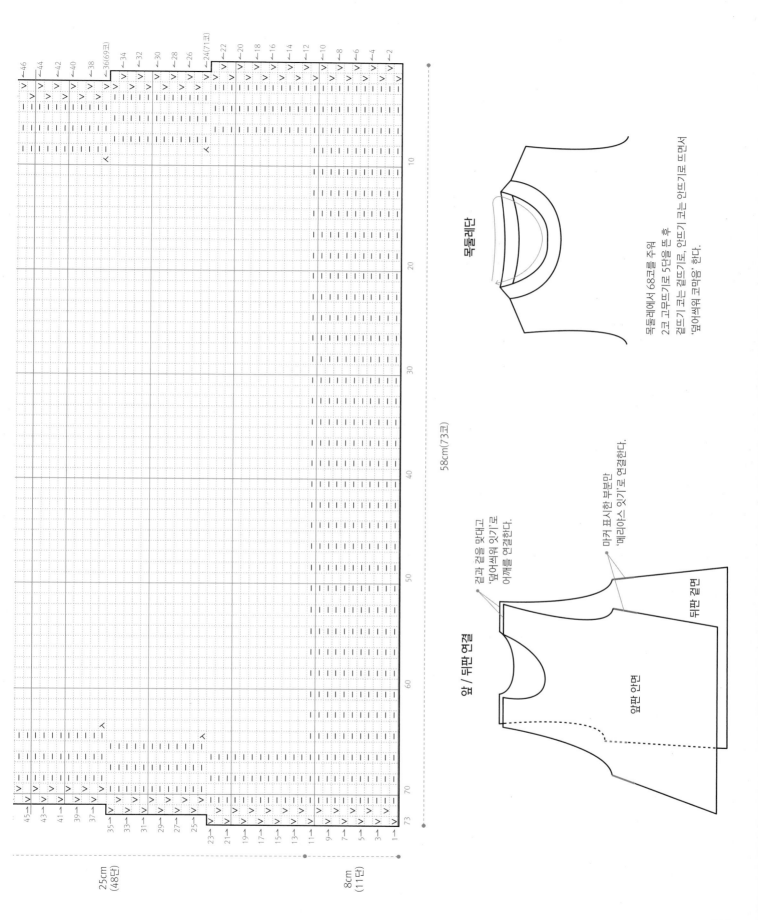

목둘레단

목둘레에서 68코를 주워
2코 고무뜨기로 5단을 뜬 후
겉뜨기 코는 겉뜨기로, 안뜨기 코는 안뜨기로 뜨면서
'덮어씌워 코막음' 한다.

58cm(73코)

앞 / 뒤판 연결

겉과 겉을 맞대고
'덮어씌워 잇기'로
어깨를 연결한다.

마커 표시한 부분만
'메리야스 잇기'로 연결한다.

뒤판 겉면

앞판 안면

25cm
(48단)

8cm
(11단)

M

아란무늬
판초 베스트

교차뜨기로 하트 무늬를 넣은 판초 스타일 베스트예요. 복잡해 보이지만 설명대로 천천히 따라 하면 충분히 뜰 수 있어요. 앞뒤 몸판을 단추 4개로 가볍게 연결해 암홀이 넉넉하므로 이너를 다양하게 매치할 수 있어요.

INFORMATION

사이즈	가슴둘레 100cm, 길이 51cm
사용한 실	랑 울어딕츠 리스펙트 0091번(민트색) 300g
바늘	줄바늘 4mm 1개, 5mm 1개
기타 준비물	가위, 돗바늘, 단추 4개
게이지	무늬뜨기 20.5코×28단
난이도	◆◆◆◆

• 밑에서부터 떠 올라가 어깨를 연결하는 바텀업 방식으로 뜬다.

겉 ← 겉뜨기 | 안 ← 안뜨기 | 오D ← 오른코 줄이기 | 왼D ← 왼코 줄이기 | 겉L ← 끌어올려 겉뜨기로 늘리기 | 안L ← 끌어올려 안뜨기로 늘리기 | 겉S← 겉뜨기로 걸러뜨기 | 안S ← 안뜨기로 걸러뜨기 | 11왼C ← 1대1 왼코 위 교차뜨기 | 21오C ← 2(겉)대1(안) 오른코 위 교차뜨기 | 21왼C ← 2(겉)대1(안) 왼코 위 교차뜨기 | 22오C ← 2(겉)대2(안) 오른코 위 교차뜨기 | 22왼C ← 2(겉)대2(안) 왼코 위 교차뜨기 | 22왼C ← 2(겉)대2(겉) 왼코 위 교차뜨기

※ 차트도안은 215~222쪽에 수록.

HOW TO MAKE

뒤판

4mm 바늘을 사용하여 '일반코잡기'로 104코를 잡는다.

1단	안 1, (안 2, 겉 2)×25, 안 3.
2단	겉 1, (겉 2, 안 2)×25, 겉 3.
3~22단	1~2단 10회 반복.
23단	안 1, (안 2, 겉 2)×25, 안 3.

5mm 바늘로 바꾼다.

24단	겉 1, (겉 1, 안 1)×7, 안 1, 11왼C 1, 안 4, 안L 1, 안 5, 겉 4, 안 5, 안L 1, 안 4, 11왼C 1, 안 1, (겉 1, 안 1)×9, 안 1, 11왼C 1, 안 4, 안L 1, 안 5, 겉 4, 안 5, 안L 1, 안 4, 11왼C 1, (안 1, 겉 1)×8(총 108코).
25단	(안 1, 겉 1)×8, 안 2, 겉 10, 안 4, 겉 10, 안 2, 겉 1, (겉 1, 안 1)×9, 겉 1, 안 2, 겉 10, 안 4, 겉 10, 안 2, 겉 1, (겉 1, 안 1)×7, 안 1.
26단	(겉 1, 안 1)×8, 11왼C 1, 안 9, 21왼C 1, 21오C 1, 안 9, 11왼C 1, 안 1, (안 1, 겉 1)×9, 안 1, 11왼C 1, 안 9, 21왼C 1, 21오C 1, 안 9, 11왼C 1, 안 1, (안 1, 겉 1)×7, 겉 1.
27단	안 1, (안 1, 겉 1)×7, 겉 1, 안 2, 겉 9, 안 2, 겉 2, 안 2, 겉 9, 안 2, 겉 1, (안 1, 겉 1)×9, 겉 1, 안 2, 겉 9, 안 2, 겉 2, 안 2, 겉 9, 안 2, (겉 1, 안 1)×8.
28단	겉 1, (겉 1, 안 1)×7, 안 1, 11왼C 1, 안 8, 21왼C 1, 안 2, 21오C 1, 안 8, 11왼C 1, 안 1, (겉 1, 안 1)×9, 안 1, 11왼C 1, 안 8, 21왼C 1, 안 2, 21오C 1, 안 8, 11왼C 1, (안 1, 겉 1)×8.
29단	(안 1, 겉 1)×8, 안 2, 겉 8, 안 8, 겉 8, 안 2, 겉 1, (겉 1, 안 1)×9, 겉 1, 안 2, 겉 8, 안 8, 겉 8, 안 2, 겉 1, (겉 1, 안 1)×7, 안 1.
30단	(겉 1, 안 1)×8, 11왼C 1, 안 6, 22왼C 1, 겉 4, 22오C 1, 안 6, 11왼C 1, 안 1, (안 1, 겉 1)×9, 안 1, 11왼C 1, 안 6, 22왼C 1, 겉 4, 22오C 1, 안 6, 11

	왼C 1, 안 1, (안 1, 겉 1)×7, 겉 1.
31단	안 1, (안 1, 겉 1)×7, 겉 1, 안 2, 겉 6, 안 2, 겉 2, 안 4, 겉 2, 안 2, 겉 6, 안 2, 겉 1, (안 1, 겉 1)×9, 겉 1, 안 2, 겉 6, 안 2, 겉 2, 안 4, 겉 2, 안 2, 겉 6, 안 2, (겉 1, 안 1)×8.
32단	겉 1, (겉 1, 안 1)×7, 안 1, 11왼C 1, 안 4, 22왼C 1, 안 2, 22왼C 1, 안 2, 22오C 1, 안 4, 11왼C 1, 안 1, (겉 1, 안 1)×9, 안 1, 11왼C 1, 안 4, 22왼C 1, 안 2, 22왼C 1, 안 2, 22오C 1, 안 4, 11왼C 1, (안 1, 겉 1)×8.
33단	(안 1, 겉 1)×8, 안 2, 겉 4, 안 2, 겉 4, 안 4, (겉 4, 안 2)×2, 겉 1, (겉 1, 안 1)×9, 겉 1, 안 2, 겉 4, 안 2, 겉 4, 안 4, (겉 4, 안 2)×2, 겉 1, (겉 1, 안 1)×7, 안 1.
34단	(겉 1, 안 1)×8, 11왼C 1, 안 3, 21왼C 1, 안 4, 겉 4, 안 4, 21오C 1, 안 3, 11왼C 1, 안 1, (안 1, 겉 1)×9, 안 1, 11왼C 1, 안 3, 21왼C 1, 안 4, 겉 4, 안 4, 21오C 1, 안 3, 11왼C 1, 안 1, (안 1, 겉 1)×7, 겉 1.
35단	안 1, (안 1, 겉 1)×7, 겉 1, 안 2, 겉 3, 안 2, 겉 5, 안 4, 겉 5, 안 2, 겉 3, 안 2, 겉 1, (안 1, 겉 1)×9, 겉 1, 안 2, 겉 3, 안 2, 겉 5, 안 4, 겉 5, 안 2, 겉 3, 안 2, (겉 1, 안 1)×8.
36단	겉 1, 안L 1, (겉 1, 안 1)×7, 안 1, 11왼C 1, 안 3, 겉 2, 안 5, 22왼C 1, 안 5, 겉 2, 안 3, 11왼C 1, 안 1, (겉 1, 안 1)×9, 안 1, 11왼C 1, 안 3, 겉 2, 안 5, 22왼C 1, 안 5, 겉 2, 안 3, 11왼C 1, 안 1, (겉 1, 안 1)×7, 겉L 1, 겉 1(총 110코).
37단	안 1, (안 1, 겉 1)×8, 안 2, 겉 3, 안 2, 겉 5, 안 4, 겉 5, 안 2, 겉 3, 안 2, 겉 1, (겉 1, 안 1)×9, 겉 1, 안 2, 겉 3, 안 2, 겉 5, 안 4, 겉 5, 안 2, 겉 3, 안 2, 겉 1, (겉 1, 안 1)×8.
38단	겉 1, (겉 1, 안 1)×8, 11왼C 1, 안 3, 겉 2, 안 5, 겉

125

4, 안 5, 겉 2, 안 3, 11왼C 1, 안 1, (안 1, 겉 1)×9, 안 1, 11왼C 1, 안 3, 겉 2, 안 5, 겉 4, 안 5, 겉 2, 안 3, 11왼C 1, 안 1, (안 1, 겉 1)×8.

39단 (안 1, 겉 1)×8, 겉 1, 안 2, 겉 3, 안 2, 겉 5, 안 4, 겉 5, 안 2, 겉 3, 안 2, 겉 1, (안 1, 겉 1)×9, 겉 1, 안 2, 겉 3, 안 2, 겉 5, 안 4, 겉 5, 안 2, 겉 3, 안 2, (겉 1, 안 1)×8, 안 1.

40단 (겉 1, 안 1)×8, 안 1, 11왼C 1, 안 3, 겉 2, 안 5, 22왼C 1, 안 5, 겉 2, 안 3, 11왼C 1, 안 1, (겉 1, 안 1)×9, 안 1, 11왼C 1, 안 3, 겉 2, 안 5, 22왼C 1, 안 5, 겉 2, 안 3, 11왼C 1, (안 1, 겉 1)×8, 겉 1.

41단 안 1, (안 1, 겉 1)×8, 안 2, 겉 3, 안 2, 겉 5, 안 4, 겉 5, 안 2, 겉 3, 안 2, 겉 1, (겉 1, 안 1)×9, 겉 1, 안 2, 겉 3, 안 2, 겉 5, 안 4, 겉 5, 안 2, 겉 3, 안 2, 겉 1, (겉 1, 안 1)×8.

42단 겉 1, (겉 1, 안 1)×8, 11왼C 1, 안 3, 22오C 1, 안 2, 21왼C 1, 21오C 1, 안 2, 22왼C 1, 안 3, 11왼C 1, 안 1, (안 1, 겉 1)×9, 안 1, 11왼C 1, 안 3, 22오C 1, 안 2, 21왼C 1, 21오C 1, 안 2, 22왼C 1, 안 3, 11왼C 1, 안 1, (안 1, 겉 1)×8.

43단 (안 1, 겉 1)×8, 겉 1, 안 2, 겉 5, (안 2, 겉 2)×3, 안 2, 겉 5, 안 2, 겉 1, (안 1, 겉 1)×9, 겉 1, 안 2, 겉 5, (안 2, 겉 2)×3, 안 2, 겉 5, 안 2, (겉 1, 안 1)×8, 안 1.

44단 (겉 1, 안 1)×8, 안 1, 11왼C 1, 안 5, 21오C 1, 21왼C 1, 안 2, 21오C 1, 21왼C 1, 안 5, 11왼C 1, 안 1, (겉 1, 안 1)×9, 안 1, 11왼C 1, 안 5, 21오C 1, 21왼C 1, 안 2, 21오C 1, 21왼C 1, 안 5, 11왼C 1, (안 1, 겉 1)×8, 겉 1.

45단 안 1, (안 1, 겉 1)×8, 안 2, 겉 6, 안 12, 겉 6, 안 2, 겉 1, (겉 1, 안 1)×9, 겉 1, 안 2, 겉 6, 안 12, 겉 6, 안 2, 겉 1, (겉 1, 안 1)×8.

46단 겉 1, (겉 1, 안 1)×8, 11왼C 1, 안 6, 22왼C 1, 겉 4, 22오C 1, 안 6, 11왼C 1, 안 1, (안 1, 겉 1)×9, 안 1, 11왼C 1, 안 6, 22왼C 1, 겉 4, 22오C 1, 안 6, 11왼C 1, 안 1, (안 1, 겉 1)×8.

47단 (안 1, 겉 1)×8, 겉 1, 안 2, 겉 6, 안 2, 겉 2, 안 4, 겉 2, 안 2, 겉 6, 안 2, 겉 1, (안 1, 겉 1)×9, 겉 1, 안 2, 겉 6, 안 2, 겉 2, 안 4, 겉 2, 안 2, 겉 6, 안 2, (겉 1, 안 1)×8, 안 1.

48단 겉 1, 겉L 1, (안 1, 겉 1)×7, 안 2, 11왼C 1, 안 4, 22왼C 1, 안 2, 22왼C 1, 안 2, 22오C 1, 안 4, 11왼C 1, 안 1, (겉 1, 안 1)×9, 안 1, 11왼C 1, 안 4, 22왼C 1, 안 2, 22왼C 1, 안 2, 22오C 1, 안 4, 11왼C 1, 안 1, (겉 1, 안 1)×7, 겉 1, 안L 1, 겉 1(총 112코).

49단 (안 1, 겉 1)×9, 안 2, 겉 4, 안 2, 겉 4, 안 4, (겉 4, 안 2)×2, 겉 1, (겉 1, 안 1)×9, 겉 1, 안 2, 겉 4, 안 2, 겉 4, 안 4, (겉 4, 안 2)×2, 겉 1, (겉 1, 안 1)×8, 안 1.

50단 (겉 1, 안 1)×9, 11왼C 1, 안 3, 21왼C 1, 안 4, 겉 4, 안 4, 21오C 1, 안 3, 11왼C 1, 안 1, (안 1, 겉 1)×9, 안 1, 11왼C 1, 안 3, 21왼C 1, 안 4, 겉 4, 안 4, 21오C 1, 안 3, 11왼C 1, 안 1, (안 1, 겉 1)×8, 겉 1.

51단 안 1, (안 1, 겉 1)×8, 겉 1, 안 2, 겉 3, 안 2, 겉 5, 안 4, 겉 5, 안 2, 겉 3, 안 2, 겉 1, (안 1, 겉 1)×9, 겉 1, 안 2, 겉 3, 안 2, 겉 5, 안 4, 겉 5, 안 2, 겉 3, 안 2, (겉 1, 안 1)×9.

52단 겉 1, (겉 1, 안 1)×8, 안 1, 11왼C 1, 안 3, 겉 2, 안 5, 22왼C 1, 안 5, 겉 2, 안 3, 11왼C 1, 안 1, (겉 1, 안 1)×9, 안 1, 11왼C 1, 안 3, 겉 2, 안 5, 22왼C 1, 안 5, 겉 2, 안 3, 11왼C 1, (안 1, 겉 1)×9.

53단 (안 1, 겉 1)×9, 안 2, 겉 3, 안 2, 겉 5, 안 4, 겉 5, 안 2, 겉 3, 안 2, 겉 1, (겉 1, 안 1)×9, 겉 1, 안 2, 겉 3, 안 2, 겉 5, 안 4, 겉 5, 안 2, 겉 3, 안 2, 겉 1, (겉 1, 안 1)×8, 안 1.

54단 (겉 1, 안 1)×9, 11왼C 1, 안 3, 겉 2, 안 5, 겉 4, 안 5, 겉 2, 안 3, 11왼C 1, 안 1, (안 1, 겉 1)×9, 안 1, 11왼C 1, 안 3, 겉 2, 안 5, 겉 4, 안 5, 겉 2, 안 3, 11왼C 1, 안 1, (안 1, 겉 1)×8, 겉 1.

55단 안 1, (안 1, 겉 1)×8, 겉 1, 안 2, 겉 3, 안 2, 겉 5, 안 4, 겉 5, 안 2, 겉 3, 안 2, 겉 1, (안 1, 겉 1)×9, 겉 1, 안 2, 겉 3, 안 2, 겉 5, 안 4, 겉 5, 안 2, 겉 3, 안 2, (겉 1, 안 1)×9.

56단 겉 1, (겉 1, 안 1)×8, 안 1, 11왼C 1, 안 3, 겉 2, 안 5, 22왼C 1, 안 5, 겉 2, 안 3, 11왼C 1, 안 1, (겉 1, 안 1)×9, 안 1, 11왼C 1, 안 3, 겉 2, 안 5, 22왼C 1, 안 5, 겉 2, 안 3, 11왼C 1, (안 1, 겉 1)×9.

57단 안 1, (겉 1, 안 1)×8, 겉 1, 안 2, 겉 3, 안 2, 겉 5, 안 4, 겉 5, 안 2, 겉 3, 안 2, 겉 1, (겉 1, 안 1)×9, 겉 1, 안 2, 겉 3, 안 2, 겉 5, 안 4, 겉 5, 안 2, 겉 3, 안 2, 겉 1, (겉 1, 안 1)×8, 안 1.

58단 (겉 1, 안 1)×9, 11왼C 1, 안 3, 22오C 1, 안 2, 21왼C 1, 21오C 1, 안 2, 22왼C 1, 안 3, 11왼C 1, 안 1, (안 1, 겉 1)×9, 안 1, 11왼C 1, 안 3, 22오C 1, 안 2, 21왼C 1, 21오C 1, 안 2, 22왼C 1, 안 3, 11왼C 1, 안 1, (안 1, 겉 1)×8, 겉 1.

59단 안 1, (안 1, 겉 1)×8, 겉 1, 안 2, 겉 5, (안 2, 겉 2)×3, 안 2, 겉 5, 안 2, 겉 1, (안 1, 겉 1)×9, 겉 1, 안 2, 겉 5, (안 2, 겉 2)×3, 안 2, 겉 5, 안 2, (겉 1, 안 1)×9.

60단 겉 1, 안L 1, (겉 1, 안 1)×8, 안 1, 11원C 1, 안 5, 21오C 1, 21원C 1, 안 2, 21오C 1, 21원C 1, 안 5, 11원C 1, 안 1, (겉 1, 안 1)×9, 안 1, 11원C 1, 안 5, 21오C 1, 21원C 1, 안 2, 21오C 1, 21원C 1, 안 5, 11원C 1, 안 1, (겉 1, 안 1)×8, 겉L 1, 겉 1(총 114코).

61단 안 1, (안 1, 겉 1)×9, 안 2, 겉 6, 안 12, 겉 6, 안 2, 겉 1, (겉 1, 안 1)×9, 겉 1, 안 2, 겉 6, 안 12, 겉 6, 안 2, 겉 1, (겉 1, 안 1)×9.

62단 겉 1, (겉 1, 안 1)×9, 11원C 1, 안 6, 22원C 1, 겉 4, 22오C 1, 안 6, 11원C 1, 안 1, (안 1, 겉 1)×9, 안 1, 11원C 1, 안 6, 22원C 1, 겉 4, 22오C 1, 안 6, 11원C 1, 안 1, (안 1, 겉 1)×9.

63단 (안 1, 겉 1)×9, 겉 1, 안 2, 겉 6, 안 2, 겉 2, 안 4, 겉 2, 안 2, 겉 6, 안 2, 겉 1, (안 1, 겉 1)×9, 겉 1, 안 2, 겉 6, 안 2, 겉 2, 안 4, 겉 2, 안 2, 겉 6, 안 2, (겉 1, 안 1)×9, 안 1.

64단 (겉 1, 안 1)×9, 안 1, 11원C 1, 안 4, 22원C 1, 안 2, 22원C 1, 안 2, 22오C 1, 안 4, 11원C 1, 안 1, (겉 1, 안 1)×9, 안 1, 11원C 1, 안 4, 22원C 1, 안 2, 22원C 1, 안 2, 22오C 1, 안 4, 11원C 1, (안 1, 겉 1)×9, 겉 1.

65단 안 1, (안 1, 겉 1)×9, 안 2, 겉 4, 안 2, 겉 4, 안 4, (겉 4, 안 2)×2, 겉 1, (겉 1, 안 1)×9, 겉 1, 안 2, 겉 4, 안 2, 겉 4, 안 4, (겉 4, 안 2)×2, 겉 1, (겉 1, 안 1)×9.

66단 겉 1, (겉 1, 안 1)×9, 11원C 1, 안 3, 21원C 1, 안 4, 겉 4, 안 4, 21오C 1, 안 3, 11원C 1, 안 1, (안 1, 겉 1)×9, 안 1, 11원C 1, 안 3, 21원C 1, 안 4, 겉 4, 안 4, 21오C 1, 안 3, 11원C 1, 안 1, (안 1, 겉 1)×9.

67단 (안 1, 겉 1)×9, 겉 1, 안 2, 겉 3, 안 2, 겉 5, 안 4, 겉 5, 안 2, 겉 3, 안 2, 겉 1, (안 1, 겉 1)×9, 겉 1, 안 2, 겉 3, 안 2, 겉 5, 안 4, 겉 5, 안 2, 겉 3, 안 2, (겉 1, 안 1)×9, 안 1.

68단 (겉 1, 안 1)×9, 안 1, 11원C 1, 안 3, 겉 2, 안 5, 22원C 1, 안 5, 겉 2, 안 3, 11원C 1, 안 1, (겉 1, 안 1)×9, 안 1, 11원C 1, 안 3, 겉 2, 안 5, 22원C 1, 안 5, 겉 2, 안 3, 11원C 1, (안 1, 겉 1)×9, 겉 1.

69단 안 1, (안 1, 겉 1)×9, 안 2, 겉 3, 안 2, 겉 5, 안 4, 겉 5, 안 2, 겉 3, 안 2, 겉 1, (겉 1, 안 1)×9, 겉 1, 안 2, 겉 3, 안 2, 겉 5, 안 4, 겉 5, 안 2, 겉 3, 안 2, 겉 1, (겉 1, 안 1)×9.

70단 겉 1, (겉 1, 안 1)×9, 11원C 1, 안 3, 겉 2, 안 5, 겉 4, 안 5, 겉 2, 안 3, 11원C 1, 안 1, (안 1, 겉 1)×9, 안 1, 11원C 1, 안 3, 겉 2, 안 5, 겉 4, 안 5, 겉 2, 안 3, 11원C 1, 안 1, (안 1, 겉 1)×9.

71단 (안 1, 겉 1)×9, 겉 1, 안 2, 겉 3, 안 2, 겉 5, 안 4, 겉 5, 안 2, 겉 3, 안 2, 겉 1, (안 1, 겉 1)×9, 겉 1, 안 2, 겉 3, 안 2, 겉 5, 안 4, 겉 5, 안 2, 겉 3, 안 2, (겉 1, 안 1)×9, 안 1.

72단 (겉 1, 안 1)×9, 안 1, 11원C 1, 안 3, 겉 2, 안 5, 22원C 1, 안 5, 겉 2, 안 3, 11원C 1, 안 1, (겉 1, 안 1)×9, 안 1, 11원C 1, 안 3, 겉 2, 안 5, 22원C 1, 안 5, 겉 2, 안 3, 11원C 1, (안 1, 겉 1)×9, 겉 1.

73단 안 1, (안 1, 겉 1)×9, 안 2, 겉 3, 안 2, 겉 5, 안 4, 겉 5, 안 2, 겉 3, 안 2, 겉 1, (겉 1, 안 1)×9, 겉 1, 안 2, 겉 3, 안 2, 겉 5, 안 4, 겉 5, 안 2, 겉 3, 안 2, 겉 1, (겉 1, 안 1)×9.

74단 겉 1, 안L 1, (겉 1, 안 1)×9, 11원C 1, 안 3, 22오C 1, 안 2, 21원C 1, 21오C 1, 안 2, 22원C 1, 안 3, 11원C 1, 안 1, (안 1, 겉 1)×9, 안 1, 11원C 1, 안 3, 22오C 1, 안 2, 21원C 1, 21오C 1, 안 2, 22원C 1, 안 3, 11원C 1, 안 1, (안 1, 겉 1)×8, 안 1, 겉L 1, 겉 1(총 116코).

75단 안 1, (안 1, 겉 1)×9, 겉 1, 안 2, 겉 5, (안 2, 겉 2)×3, 안 2, 겉 5, 안 2, 겉 1, (안 1, 겉 1)×9, 겉 1, 안 2, 겉 5, (안 2, 겉 2)×3, 안 2, 겉 5, 안 2, (겉 1, 안 1)×10.

76단 겉 1, (겉 1, 안 1)×9, 안 1, 11원C 1, 안 5, 21오C 1, 21원C 1, 안 2, 21오C 1, 21원C 1, 안 5, 11원C 1, 안 1, (겉 1, 안 1)×9, 안 1, 11원C 1, 안 5, 21오C 1, 21원C 1, 안 2, 21오C 1, 21원C 1, 안 5, 11원C 1, (안 1, 겉 1)×10.

77단 (안 1, 겉 1)×10, 안 2, 겉 6, 안 12, 겉 6, 안 2, 겉 1, (겉 1, 안 1)×9, 겉 1, 안 2, 겉 6, 안 12, 겉 6, 안 2, 겉 1, (겉 1, 안 1)×9, 안 1.

78단 겉 1, (안 1, 겉 1)×9, 안 1, 11원C 1, 안 6, 22원C 1, 겉 4, 22오C 1, 안 6, 11원C 1, 안 1, (안 1, 겉 1)×9, 안 1, 11원C 1, 안 6, 22원C 1, 겉 4, 22오C 1, 안 6, 11원C 1, 안 1, (안 1, 겉 1)×9, 겉 1.

79단 안 1, (안 1, 겉 1)×9, 겉 1, 안 2, 겉 6, 안 2, 겉 2, 안 4, 겉 2, 안 2, 겉 6, 안 2, 겉 1, (안 1, 겉 1)×9, 겉 1, 안 2, 겉 6, 안 2, 겉 2, 안 4, 겉 2, 안 2, 겉 6, 안 2, (겉 1, 안 1)×10.

80단 겉 1, (겉 1, 안 1)×9, 안 1, 11원C 1, 안 4, 22원C 1, 안 2, 22원C 1, 안 2, 22오C 1, 안 4, 11원C 1, 안 1, (겉 1, 안 1)×9, 안 1, 11원C 1, 안 4, 22원C 1, 안 2, 22원C 1, 안 2, 22오C 1, 안 4, 11원C 1, (안 1, 겉 1)×10.

81단 (안 1, 겉 1)×10, 안 2, 겉 4, 안 2, 겉 4, 안 4, (겉 4, 안 2)×2, 겉 1, (겉 1, 안 1)×9, 겉 1, 안 2, 겉 4, 안

2, 겉 4, 안 4, (겉 4, 안 2)×2, 겉 1, (겉 1, 안 1)×9, 안 1.

82단	(겉 1, 안 1)×10, 11윈C 1, 안 3, 21윈C 1, 안 4, 겉 4, 안 4, 21오C 1, 안 3, 11윈C 1, 안 1, (안 1, 겉 1)×9, 안 1, 11윈C 1, 안 3, 21윈C 1, 안 4, 겉 4, 안 4, 21오C 1, 안 3, 11윈C 1, 안 1, (안 1, 겉 1)×9, 겉 1.
83단	안 1, (안 1, 겉 1)×9, 겉 1, 안 2, 겉 3, 안 2, 겉 5, 안 4, 겉 5, 안 2, 겉 3, 안 2, 겉 1, (안 1, 겉 1)×9, 겉 1, 안 2, 겉 3, 안 2, 겉 5, 안 4, 겉 5, 안 2, 겉 3, 안 2, (겉 1, 안 1)×10.
84단	겉 1, (겉 1, 안 1)×9, 안 1, 11윈C 1, 안 3, 겉 2, 안 5, 22윈C 1, 안 5, 겉 2, 안 3, 11윈C 1, 안 1, (겉 1, 안 1)×9, 안 1, 11윈C 1, 안 3, 겉 2, 안 5, 22윈C 1, 안 5, 겉 2, 안 3, 11윈C 1, (안 1, 겉 1)×10.
85단	(안 1, 겉 1)×10, 안 2, 겉 3, 안 2, 겉 5, 안 4, 겉 5, 안 2, 겉 3, 안 2, 겉 1, (겉 1, 안 1)×9, 겉 1, 안 2, 겉 3, 안 2, 겉 5, 안 4, 겉 5, 안 2, 겉 3, 안 2, 겉 1, (겉 1, 안 1)×9, 안 1.
86단	(겉 1, 안 1)×10, 11윈C 1, 안 3, 겉 2, 안 5, 겉 4, 안 5, 겉 2, 안 3, 11윈C 1, 안 1, (안 1, 겉 1)×9, 안 1, 11윈C 1, 안 3, 겉 2, 안 5, 겉 4, 안 5, 겉 2, 안 3, 11윈C 1, 안 1, (안 1, 겉 1)×9, 겉 1.
87단	안 1, (안 1, 겉 1)×9, 겉 1, 안 2, 겉 3, 안 2, 겉 5, 안 4, 겉 5, 안 2, 겉 3, 안 2, 겉 1, (안 1, 겉 1)×9, 겉 1, 안 2, 겉 3, 안 2, 겉 5, 안 4, 겉 5, 안 2, 겉 3, 안 2, (겉 1, 안 1)×10.
88단	겉 1, 안L 1, (겉 1, 안 1)×9, 안 1, 11윈C 1, 안 3, 겉 2, 안 5, 22윈C 1, 안 5, 겉 2, 안 3, 11윈C 1, 안 1, (겉 1, 안 1)×9, 안 1, 11윈C 1, 안 3, 겉 2, 안 5, 22윈C 1, 안 5, 겉 2, 안 3, 11윈C 1, 안 1, (겉 1, 안 1)×9, 겉L 1, 겉 1(총 118코).
89단	안 1, (안 1, 겉 1)×10, 안 2, 겉 3, 안 2, 겉 5, 안 4, 겉 5, 안 2, 겉 3, 안 2, 겉 1, (겉 1, 안 1)×9, 겉 1, 안 2, 겉 3, 안 2, 겉 5, 안 4, 겉 5, 안 2, 겉 3, 안 2, 겉 1, (겉 1, 안 1)×10.
90단	겉 1, (겉 1, 안 1)×10, 11윈C 1, 안 3, 22오C 1, 안 2, 21윈C 1, 21오C 1, 안 2, 22윈C 1, 안 3, 11윈C 1, 안 1, (안 1, 겉 1)×9, 안 1, 11윈C 1, 안 3, 22오C 1, 안 2, 21윈C 1, 21오C 1, 안 2, 22윈C 1, 안 3, 11윈C 1, 안 1, (안 1, 겉 1)×10.
91단	(안 1, 겉 1)×10, 겉 1, 안 2, 겉 5, (안 2, 겉 2)×3, 안 2, 겉 5, 안 2, 겉 1, (안 1, 겉 1)×9, 겉 1, 안 2, 겉 5, (안 2, 겉 2)×3, 안 2, 겉 5, 안 2, (겉 1, 안 1)×10, 안 1.
92단	(겉 1, 안 1)×10, 안 1, 11윈C 1, 안 5, 21오C 1,

	21윈C 1, 안 2, 21오C 1, 21윈C 1, 안 5, 11윈C 1, 안 1, (겉 1, 안 1)×9, 안 1, 11윈C 1, 안 5, 21오C 1, 21윈C 1, 안 2, 21오C 1, 21윈C 1, 안 5, 11윈C 1, (안 1, 겉 1)×10, 겉 1.
93단	안 1, (안 1, 겉 1)×10, 안 2, 겉 6, 안 12, 겉 6, 안 2, 겉 1, (겉 1, 안 1)×9, 겉 1, 안 2, 겉 6, 안 12, 겉 6, 안 2, 겉 1, (겉 1, 안 1)×10.
94단	겉 1, (겉 1, 안 1)×10, 11윈C 1, 안 6, 22윈C 1, 겉 4, 22오C 1, 안 6, 11윈C 1, 안 1, (안 1, 겉 1)×9, 안 1, 11윈C 1, 안 6, 22윈C 1, 겉 4, 22오C 1, 안 6, 11윈C 1, 안 1, (안 1, 겉 1)×10.
95단	(안 1, 겉 1)×10, 겉 1, 안 2, 겉 6, 안 2, 겉 2, 안 4, 겉 2, 안 2, 겉 6, 안 2, 겉 1, (안 1, 겉 1)×9, 겉 1, 안 2, 겉 6, 안 2, 겉 2, 안 4, 겉 2, 안 2, 겉 6, 안 2, (겉 1, 안 1)×10, 안 1.
96단	(겉 1, 안 1)×10, 안 1, 11윈C 1, 안 4, 22윈C 1, 안 2, 22윈C 1, 안 2, 22오C 1, 안 4, 11윈C 1, 안 1, (겉 1, 안 1)×9, 안 1, 11윈C 1, 안 4, 22윈C 1, 안 2, 22윈C 1, 안 2, 22오C 1, 안 4, 11윈C 1, (안 1, 겉 1)×10, 겉 1.
97단	안 1, (안 1, 겉 1)×10, 안 2, 겉 4, 안 2, 겉 4, 안 4, (겉 4, 안 2)×2, 겉 1, (겉 1, 안 1)×9, 겉 1, 안 2, 겉 4, 안 2, 겉 4, 안 4, (겉 4, 안 2)×2, 겉 1, (겉 1, 안 1)×10.
98단	겉 1, (겉 1, 안 1)×10, 11윈C 1, 안 3, 21윈C 1, 안 4, 겉 4, 안 4, 21오C 1, 안 3, 11윈C 1, 안 1, (안 1, 겉 1)×9, 안 1, 11윈C 1, 안 3, 21윈C 1, 안 4, 겉 4, 안 4, 21오C 1, 안 3, 11윈C 1, 안 1, (안 1, 겉 1)×10.
99단	(안 1, 겉 1)×10, 겉 1, 안 2, 겉 3, 안 2, 겉 5, 안 4, 겉 5, 안 2, 겉 3, 안 2, 겉 1, (안 1, 겉 1)×9, 겉 1, 안 2, 겉 3, 안 2, 겉 5, 안 4, 겉 5, 안 2, 겉 3, 안 2, (겉 1, 안 1)×10, 안 1.
100단	(겉 1, 안 1)×10, 안 1, 11윈C 1, 안 3, 겉 2, 안 5, 22윈C 1, 안 5, 겉 2, 안 3, 11윈C 1, 안 1, (겉 1, 안 1)×9, 안 1, 11윈C 1, 안 3, 겉 2, 안 5, 22윈C 1, 안 5, 겉 2, 안 3, 11윈C 1, (안 1, 겉 1)×10, 겉 1.
101단	안 1, (안 1, 겉 1)×10, 안 2, 겉 3, 안 2, 겉 5, 안 4, 겉 5, 안 2, 겉 3, 안 2, 겉 1, (겉 1, 안 1)×9, 겉 1, 안 2, 겉 3, 안 2, 겉 5, 안 4, 겉 5, 안 2, 겉 3, 안 2, 겉 1, (겉 1, 안 1)×10.
102단	겉 1, 안L 1, (겉 1, 안 1)×10, 11윈C 1, 안 3, 겉 2, 안 5, 겉 4, 안 5, 겉 2, 안 3, 11윈C 1, 안 1, (안 1, 겉 1)×9, 안 1, 11윈C 1, 안 3, 겉 2, 안 5, 겉 4, 안 5, 겉 2, 안 3, 11윈C 1, 안 1, (안 1, 겉 1)×9, 안 1, 겉L 1, 겉 1(총 120코).

103단 안 1, (안 1, 겉 1)×10, 겉 1, 안 2, 겉 3, 안 2, 겉 5, 안 4, 겉 5, 안 2, 겉 3, 안 2, 겉 1, (안 1, 겉 1)×9, 겉 1, 안 2, 겉 3, 안 2, 겉 5, 안 4, 겉 5, 안 2, 겉 3, 안 2, (겉 1, 안 1)×11.

104단 겉 1, (겉 1, 안 1)×10, 안 1, 11윈C 1, 안 3, 겉 2, 안 5, 22윈C 1, 안 5, 겉 2, 안 3, 11윈C 1, 안 1, (겉 1, 안 1)×9, 안 1, 11윈C 1, 안 3, 겉 2, 안 5, 22윈C 1, 안 5, 겉 2, 안 3, 11윈C 1, (안 1, 겉 1)×11.

105단 (안 1, 겉 1)×11, 안 2, 겉 3, 안 2, 겉 5, 안 4, 겉 5, 안 2, 겉 3, 안 2, 겉 1, (겉 1, 안 1)×9, 겉 1, 안 2, 겉 3, 안 2, 겉 5, 안 4, 겉 5, 안 2, 겉 3, 안 2, 겉 1, (겉 1, 안 1)×10, 안 1.

106단 (겉 1, 안 1)×11, 11윈C 1, 안 3, 22오C 1, 안 2, 21윈C 1, 21오C 1, 안 2, 22윈C 1, 안 3, 11윈C 1, 안 1, (안 1, 겉 1)×9, 안 1, 11윈C 1, 안 3, 22오C 1, 안 2, 21윈C 1, 21오C 1, 안 2, 22윈C 1, 안 3, 11윈C 1, 안 1, (안 1, 겉 1)×10, 겉 1.

107단 안 1, (안 1, 겉 1)×10, 겉 1, 안 2, 겉 5, (안 2, 겉 2)×3, 안 2, 겉 5, 안 2, 겉 1, (안 1, 겉 1)×9, 겉 1, 안 2, 겉 5, (안 2, 겉 2)×3, 안 2, 겉 5, 안 2, (겉 1, 안 1)×11.

108단 겉 1, (겉 1, 안 1)×10, 안 1, 11윈C 1, 안 5, 21오C 1, 21윈C 1, 안 2, 21오C 1, 21윈C 1, 안 5, 11윈C 1, 안 1, (겉 1, 안 1)×9, 안 1, 11윈C 1, 안 5, 21오C 1, 21윈C 1, 안 2, 21오C 1, 21윈C 1, 안 5, 11윈C 1, (안 1, 겉 1)×11.

109단 (안 1, 겉 1)×11, 안 2, 겉 6, 안 12, 겉 6, 안 2, 겉 1, (겉 1, 안 1)×9, 겉 1, 안 2, 겉 6, 안 12, 겉 6, 안 2, 겉 1, (겉 1, 안 1)×10, 안 1.

110단 (겉 1, 안 1)×11, 11윈C 1, 안 6, 22윈C 1, 겉 4, 22오C 1, 안 6, 11윈C 1, 안 1, (안 1, 겉 1)×9, 안 1, 11윈C 1, 안 6, 22윈C 1, 겉 4, 22오C 1, 안 6, 11윈C 1, 안 1, (안 1, 겉 1)×10, 겉 1.

111단 안 1, (안 1, 겉 1)×10, 겉 1, 안 2, 겉 6, 안 2, 겉 2, 안 4, 겉 2, 안 2, 겉 6, 안 2, 겉 1, (안 1, 겉 1)×9, 겉 1, 안 2, 겉 6, 안 2, 겉 2, 안 4, 겉 2, 안 2, 겉 6, 안 2, (겉 1, 안 1)×11.

112단 겉 1, (겉 1, 안 1)×10, 안 1, 11윈C 1, 안 4, 22윈C 1, 안 2, 22윈C 1, 안 2, 22오C 1, 안 4, 11윈C 1, 안 1, (겉 1, 안 1)×9, 안 1, 11윈C 1, 안 4, 22윈C 1, 안 2, 22윈C 1, 안 2, 22오C 1, 안 4, 11윈C 1, (안 1, 겉 1)×11.

113단 (안 1, 겉 1)×11, 안 2, 겉 4, 안 2, 겉 4, 안 4, (겉 4, 안 2)×2, 겉 1, (겉 1, 안 1)×9, 겉 1, 안 2, 겉 4, 안 2, 겉 4, 안 4, (겉 4, 안 2)×2, 겉 1, (겉 1, 안 1)×10, 안 1.

114단 (겉 1, 안 1)×11, 11윈C 1, 안 3, 21윈C 1, 안 4, 겉 4, 안 4, 21오C 1, 안 3, 11윈C 1, 안 1, (안 1, 겉 1)×9, 안 1, 11윈C 1, 안 3, 21윈C 1, 안 4, 겉 4, 안 4, 21오C 1, 안 3, 11윈C 1, 안 1, (안 1, 겉 1)×10, 겉 1.

115단 안 1, (안 1, 겉 1)×10, 겉 1, 안 2, 겉 3, 안 2, 겉 5, 안 4, 겉 5, 안 2, 겉 3, 안 2, 겉 1, (안 1, 겉 1)×9, 겉 1, 안 2, 겉 3, 안 2, 겉 5, 안 4, 겉 5, 안 2, 겉 3, 안 2, (겉 1, 안 1)×11.

116단 겉 1, 안L 1, (겉 1, 안 1)×10, 안 1, 11윈C 1, 안 3, 겉 2, 안 5, 22윈C 1, 안 5, 겉 2, 안 3, 11윈C 1, 안 1, (겉 1, 안 1)×9, 안 1, 11윈C 1, 안 3, 겉 2, 안 5, 22윈C 1, 안 5, 겉 2, 안 3, 11윈C 1, 안 1, (겉 1, 안 1)×10, 겉L 1, 겉 1(총 122코).

117단 안 1, (안 1, 겉 1)×11, 안 2, 겉 3, 안 2, 겉 5, 안 4, 겉 5, 안 2, 겉 3, 안 2, 겉 1, (겉 1, 안 1)×9, 겉 1, 안 2, 겉 3, 안 2, 겉 5, 안 4, 겉 5, 안 2, 겉 3, 안 2, 겉 1, (겉 1, 안 1)×11.

118단 겉 1, (겉 1, 안 1)×11, 11윈C 1, 안 3, 겉 2, 안 5, 겉 4, 안 5, 겉 2, 안 3, 11윈C 1, 안 1, (안 1, 겉 1)×9, 안 1, 11윈C 1, 안 3, 겉 2, 안 5, 겉 4, 안 5, 겉 2, 안 3, 11윈C 1, 안 1, (안 1, 겉 1)×11.

119단 (안 1, 겉 1)×11, 겉 1, 안 2, 겉 3, 안 2, 겉 5, 안 4, 겉 5, 안 2, 겉 3, 안 2, 겉 1, (안 1, 겉 1)×9, 겉 1, 안 2, 겉 3, 안 2, 겉 5, 안 4, 겉 5, 안 2, 겉 3, 안 2, (겉 1, 안 1)×11, 안 1.

120단 (겉 1, 안 1)×11, 안 1, 11윈C 1, 안 3, 겉 2, 안 5, 22윈C 1, 안 5, 겉 2, 안 3, 11윈C 1, 안 1, (겉 1, 안 1)×9, 안 1, 11윈C 1, 안 3, 겉 2, 안 5, 22윈C 1, 안 5, 겉 2, 안 3, 11윈C 1, (안 1, 겉 1)×11, 겉 1.

121단 안 1, (안 1, 겉 1)×11, 안 2, 겉 3, 안 2, 겉 5, 안 4, 겉 5, 안 2, 겉 3, 안 2, 겉 1, (겉 1, 안 1)×9, 겉 1, 안 2, 겉 3, 안 2, 겉 5, 안 4, 겉 5, 안 2, 겉 3, 안 2, 겉 1, (겉 1, 안 1)×11.

122단 겉 1, (겉 1, 안 1)×11, 11윈C 1, 안 3, 22오C 1, 안 2, 21윈C 1, 21오C 1, 안 2, 22윈C 1, 안 3, 11윈C 1, 안 1, (안 1, 겉 1)×9, 안 1, 11윈C 1, 안 3, 22오C 1, 안 2, 21윈C 1, 21오C 1, 안 2, 22윈C 1, 안 3, 11윈C 1, 안 1, (안 1, 겉 1)×11.

123단 (안 1, 겉 1)×11, 겉 1, 안 2, 겉 5, (안 2, 겉 2)×3, 안 2, 겉 5, 안 2, 겉 1, (안 1, 겉 1)×9, 겉 1, 안 2, 겉 5, (안 2, 겉 2)×3, 안 2, 겉 5, 안 2, (겉 1, 안 1)×11, 안 1.

124단 (겉 1, 안 1)×11, 안 1, 11윈C 1, 안 5, 21오C 1, 21윈C 1, 안 2, 21오C 1, 21윈C 1, 안 5, 11윈C 1, 안 1, (겉 1, 안 1)×9, 안 1, 11윈C 1, 안 5, 21오C

1, 21왼C 1, 안 2, 21C 1, 21왼C 1, 안 5, 11왼C
1, (안 1, 겉 1)×11, 겉 1.

125단 안 1, (안 1, 겉 1)×11, 안 2, 겉 6, 안 12, 겉 6, 안
2, 겉 1, (겉 1, 안 1)×9, 겉 1, 안 2, 겉 6, 안 12, 겉
6, 안 2, 겉 1, (겉 1, 안 1)×11.

126단 겉 1, (겉 1, 안 1)×11, 11왼C 1, 안 6, 22왼C 1, 겉
4, 22오C 1, 안 6, 11왼C 1, 안 1, (안 1, 겉 1)×9,
안 1, 11왼C 1, 안 6, 22왼C 1, 겉 4, 22오C 1, 안 6,
11왼C 1, 안 1, (안 1, 겉 1)×11.

127단 (안 1, 겉 1)×11, 겉 1, 안 2, 겉 6, 안 2, 겉 2, 안
2, 겉 2, 안 2, 겉 6, 안 2, 겉 1, (안 1, 겉 1)×9, 겉 1,
안 2, 겉 6, 안 2, 겉 2, 안 4, 겉 2, 안 2, 겉 6, 안 2,
(겉 1, 안 1)×11, 안 1.

[오른쪽 / 왼쪽 어깨 되돌아뜨기단]

128단 (겉 1, 안 1)×11, 안 1, 11왼C 1, 안 4, 22왼C 1, 안
2, 22왼C 1, 안 2, 22오C 1, 안 4, 11왼C 1, 안 1,
(겉 1, 안 1)×9, 안 1, 11왼C 1, 안 4, 22왼C 1, 안
2, 22왼C 1, 안 2, 22오C 1, 안 4, 11왼C 1, 안 1,
(겉 1, 안 1)×9, 실을 앞으로 놓고, 왼쪽 바늘의 첫코
를 뜨지 않고 오른쪽 바늘에 옮긴다. 실을 뒤로 보내
고, 오른쪽 바늘로 옮겨 놓았던 1코를 다시 왼쪽 바
늘로 옮긴다. 뜨개판을 뒤로 돌린다.

129단 (겉 1, 안 1)×9, 겉 1, 안 2, 겉 4, 안 2, 겉 4, 안 4,
(겉 4, 안 2)×2, 겉 1, (겉 1, 안 1)×9, 겉 1, 안 2, 겉
4, 안 2, 겉 4, 안 4, (겉 4, 안 2)×2, 겉 1, (겉 1, 안
1)×9, 실을 앞으로 놓고, 왼쪽 바늘의 첫코를 뜨지
않고 오른쪽 바늘에 옮긴다. 실을 뒤로 보내고, 오른
쪽 바늘로 옮겨 놓았던 1코를 다시 왼쪽 바늘로 옮긴
다. 뜨개판을 뒤로 돌린다.

130단 (안 1, 겉 1)×9, 안 1, 11왼C 1, 안 3, 21왼C 1, 안
4, 겉 4, 안 4, 21오C 1, 안 3, 11왼C 1, 안 1, (안 1,
겉 1)×9, 안 1, 11왼C 1, 안 3, 21왼C 1, 안 4, 겉
4, 안 4, 21오C 1, 안 3, 11왼C 1, 안 1, (안 1, 겉 1)
×7, 실을 앞으로 놓고, 왼쪽 바늘의 첫코를 뜨지 않
고 오른쪽 바늘에 옮긴다. 실을 뒤로 보내고, 오른쪽
바늘로 옮겨 놓았던 1코를 다시 왼쪽 바늘로 옮긴다.
뜨개판을 뒤로 돌린다.

131단 (안 1, 겉 1)×7, 겉 1, 안 2, 겉 3, 안 2, 겉 5, 안 4,
겉 5, 안 2, 겉 3, 안 2, 겉 1, (안 1, 겉 1)×9, 겉 1,
안 2, 겉 3, 안 2, 겉 5, 안 4, 겉 5, 안 2, 겉 3, 안 2,
겉 1, (안 1, 겉 1)×7, 실을 앞으로 놓고, 왼쪽 바늘
의 첫코를 뜨지 않고 오른쪽 바늘에 옮긴다. 실을 뒤
로 보내고, 오른쪽 바늘로 옮겨 놓았던 1코를 다시
왼쪽 바늘로 옮긴다. 뜨개판을 뒤로 돌린다.

132단 (겉 1, 안 1)×7, 안 1, 11왼C 1, 안 3, 겉 2, 안 5, 22

왼C 1, 안 5, 겉 2, 안 3, 11왼C 1, 안 1, (겉 1, 안 1)
×9, 안 1, 11왼C 1, 안 3, 겉 2, 안 5, 22왼C 1, 안
5, 겉 2, 안 3, 11왼C 1, 안 1, (겉 1, 안 1)×5, 실을 앞으
로 놓고, 왼쪽 바늘의 첫코를 뜨지 않고 오른쪽 바늘
에 옮긴다. 실을 뒤로 보내고, 오른쪽 바늘로 옮겨 놓
았던 1코를 다시 왼쪽 바늘로 옮긴다. 뜨개판을 뒤로
돌린다.

133단 (안 1, 겉 1)×5, 안 2, 겉 3, 안 2, 겉 5, 안 4, 겉 5,
안 2, 겉 3, 안 2, 겉 1, (겉 1, 안 1)×9, 겉 1, 안 2,
겉 3, 안 2, 겉 5, 안 4, 겉 5, 안 2, 겉 3, 안 2, 겉 1,
(겉 1, 안 1)×4, 겉 1, 실을 앞으로 놓고, 왼쪽 바늘
의 첫코를 뜨지 않고 오른쪽 바늘에 옮긴다. 실을 뒤
로 보내고, 오른쪽 바늘로 옮겨 놓았던 1코를 다시
왼쪽 바늘로 옮긴다. 뜨개판을 뒤로 돌린다.

134단 (겉 1, 안 1)×5, 11왼C 1, 안 3, 겉 2, 안 5, 겉 4, 안
5, 겉 2, 안 3, 11왼C 1, 안 1, (겉 1, 안 1)×9, 안 1,
11왼C 1, 안 3, 겉 2, 안 5, 겉 4, 안 5, 겉 2, 안 3,
11왼C 1, 안 1, (안 1, 겉 1)×2, 실을 앞으로 놓고,
왼쪽 바늘의 첫코를 뜨지 않고 오른쪽 바늘에 옮긴
다. 실을 뒤로 보내고, 오른쪽 바늘로 옮겨 놓았던 1코
를 다시 왼쪽 바늘로 옮긴다. 뜨개판을 뒤로 돌린다.

135단 (안 1, 겉 1)×2, 겉 1, 안 2, 겉 3, 안 2, 겉 5, 안 4,
겉 5, 안 2, 겉 3, 안 2, 겉 1, (안 1, 겉 1)×9, 겉 1,
안 2, 겉 3, 안 2, 겉 5, 안 4, 겉 5, 안 2, 겉 3, 안 2,
겉 1, (안 1, 겉 1)×2, 실을 앞으로 놓고, 왼쪽 바늘
의 첫코를 뜨지 않고 오른쪽 바늘에 옮긴다. 실을 뒤
로 보내고, 오른쪽 바늘로 옮겨 놓았던 1코를 다시
왼쪽 바늘로 옮긴다. 뜨개판을 뒤로 돌린다.

136단 (겉 1, 안 1)×2, 안 1, 11왼C 1, 안 3, 겉 2, 안 5, 22
왼C 1, 안 5, 겉 2, 안 3, 11왼C 1, 안 1, (겉 1, 안 1)
×9, 안 1, 11왼C 1, 안 3, 겉 2, 안 5, 22왼C 1, 안
5, 겉 2, 안 3, 11왼C 1, 실을 앞으로 놓고, 왼쪽 바늘
의 첫코를 뜨지 않고 오른쪽 바늘에 옮긴다. 실을 뒤
로 보내고, 오른쪽 바늘로 옮겨 놓았던 1코를 다시
왼쪽 바늘로 옮긴다. 뜨개판을 뒤로 돌린다.

137단 안 2, 겉 3, 안 2, 겉 5, 안 4, 겉 5, 안 2, 겉 3, 안 2,
겉 1, (겉 1, 안 1)×9, 겉 1, 안 2, 겉 3, 안 2, 겉 5,
안 4, 겉 5, 안 2, 겉 3, 안 2, 실을 앞으로 놓고, 왼쪽
바늘의 첫코를 뜨지 않고 오른쪽 바늘에 옮긴다. 실
을 뒤로 보내고, 오른쪽 바늘로 옮겨 놓았던 1코를
다시 왼쪽 바늘로 옮긴다. 뜨개판을 뒤로 돌린다.

[뒷목 줄임, 오른쪽 어깨 되돌아뜨기단]

138단 11왼C 1, 안 3, 22오C 1, 안 2, 21왼C 1, 겉 3, 남은
코는 쉼코로 두고 뜨개판을 뒤로 돌린다.

139단 안왼2T 1, 안 1, 겉 1, (안 2, 겉 2)×2, 실을 앞으로

놓고, 왼쪽 바늘의 첫코를 뜨지 않고 오른쪽 바늘에 옮긴다. 실을 뒤로 보내고, 오른쪽 바늘로 옮겨 놓았던 1코를 다시 왼쪽 바늘로 옮긴다. 뜨개판을 뒤로 돌린다.

140단 안 2, 21오C 1, 21왼C 1, 안 2, 겉 1. 뜨개판을 뒤로 돌린다.

141단 안왼2T 1, 겉 2, 안 2, 실을 앞으로 놓고, 왼쪽 바늘의 첫코를 뜨지 않고 오른쪽 바늘에 옮긴다. 실을 뒤로 보내고, 오른쪽 바늘로 옮겨 놓았던 1코를 다시 왼쪽 바늘로 옮긴다. 뜨개판을 뒤로 돌린다.

142단 겉 2, 안 2, 겉 1. 뜨개판을 뒤로 돌린다.

143단 안 1, 겉 2, 안 2, 왼쪽 바늘 첫코 밑에 걸려 있는 코를 끌어올린다. 끌어올린 코와 왼쪽 바늘의 첫코를 한꺼번에 안뜨기로 뜬다. 안 1, 겉 3, 왼쪽 바늘 첫코 밑에 걸려 있는 코를 끌어올린다. 끌어올린 코와 왼쪽 바늘의 첫코를 한꺼번에 겉뜨기로 뜬다. 겉 2, 안 2, 왼쪽 바늘 첫코 밑에 걸려 있는 코를 끌어올린다. 끌어올린 코와 왼쪽 바늘의 첫코를 한꺼번에 겉뜨기로 뜬다. (겉 1, 안 1)×2, 왼쪽 바늘 첫코 밑에 걸려 있는 코를 끌어올린다. 끌어올린 코와 왼쪽 바늘의 첫코를 한꺼번에 겉뜨기로 뜬다. (겉 1, 안 1)×2, 왼쪽 바늘 첫코 밑에 걸려 있는 코를 끌어올린다. 끌어올린 코와 왼쪽 바늘의 첫코를 한꺼번에 안뜨기로 뜬다. (겉 1, 안 1)×2, 왼쪽 바늘 첫코 밑에 걸려 있는 코를 끌어올린다. 끌어올린 코와 왼쪽 바늘의 첫코를 한꺼번에 안뜨기로 뜬다. 겉 1, 안 1, 겉 1, 왼쪽 바늘 첫코 밑에 걸려 있는 코를 끌어올린다. 끌어올린 코와 왼쪽 바늘의 첫코를 한꺼번에 겉뜨기로 뜬다. 안 1, 겉 1, 안 1.

실을 10cm 정도 남기고 자른다. 오른쪽 어깨 코 38코를 쉼코로 둔다.

[뒷목 줄임, 왼쪽 어깨 되돌아뜨기단]

138단 쉼코로 두었던 82코의 첫코에 새 실을 걸어 겉뜨기로 코막음 42코, 겉 2, 21오C 1, 안 2, 22왼C 1, 실을 앞으로 놓고, 왼쪽 바늘의 첫코를 뜨지 않고 오른쪽 바늘에 옮긴다. 실을 뒤로 보내고, 오른쪽 바늘로 옮겨 놓았던 1코를 다시 왼쪽 바늘로 옮긴다. 뜨개판을 뒤로 돌린다.

139단 (겉 2, 안 2)×2, 겉 1, 안 1, 안오2T 1, 뜨개판을 뒤로 돌린다.

140단 겉 1, 안 2, 21오C 1, 실을 앞으로 놓고, 왼쪽 바늘의 첫코를 뜨지 않고 오른쪽 바늘에 옮긴다. 실을 뒤로 보내고, 오른쪽 바늘로 옮겨 놓았던 1코를 다시 왼쪽 바늘로 옮긴다. 뜨개판을 뒤로 돌린다.

141단 안 2, 겉 2, 안오2T 1, 뜨개판을 뒤로 돌린다.

142단 겉 1, 안 2, 겉 2, 21왼C 1(교차뜨기를 하면서 왼쪽 바늘 첫코 밑에 걸려 있는 코를 끌어올린다. 끌어올린 코와 왼쪽 바늘의 첫코를 한꺼번에 안뜨기로 뜬다). 안 2, 왼쪽 바늘 첫코 밑에 걸려 있는 코를 끌어올린다. 끌어올린 코와 왼쪽 바늘의 첫코를 한꺼번에 안뜨기로 뜬다. 안 2, 11왼C 1, 왼쪽 바늘 첫코 밑에 걸려 있는 코를 끌어올린다. 끌어올린 코와 왼쪽 바늘의 첫코를 한꺼번에 안뜨기로 뜬다. (겉 1, 안 1)× 2, 왼쪽 바늘 첫코 밑에 걸려 있는 코를 끌어올린다. 끌어올린 코와 왼쪽 바늘의 첫코를 한꺼번에 안뜨기로 뜬다. (겉 1, 안 1)×2, 왼쪽 바늘 첫코 밑에 걸려 있는 코를 끌어올린다. 끌어올린 코와 왼쪽 바늘의 첫코를 한꺼번에 안뜨기로 뜬다. (겉 1, 안 1)×2, 왼쪽 바늘 첫코 밑에 걸려 있는 코를 끌어올린다. 끌어올린 코와 왼쪽 바늘의 첫코를 한꺼번에 안뜨기로 뜬다. 겉 1, 안 1, 겉 1, 왼쪽 바늘 첫코 밑에 걸려 있는 코를 끌어올린다. 끌어올린 코와 왼쪽 바늘의 첫코를 한꺼번에 겉뜨기로 뜬다. 안 1, 겉 2. 뜨개판을 뒤로 돌린다.

143단 (안 2, 겉 1)×2, 안 1, (겉 2, 안 1, 겉 1, 안 1)×3, 겉 1, 안 2, 겉 6, 안 4, 겉 2, 안 1.

실을 10cm 정도 남기고 자른다. 왼쪽 어깨 코 38코를 쉼코로 둔다.

앞판

4mm 바늘을 사용하여 '일반코잡기'로 104코를 잡는다.

1~127단　뒤판과 동일.

[앞목 줄임, 왼쪽 어깨 되돌아뜨기단]

128단　(겉 1, 안 1)×11, 안 1, 11원C 1, 안 4, 22원C 1, 안 2, 22원C 1, 안 2, 22오C 1, 안 4, 11원C 1, 안 1, 겉 1, 남은 코는 쉼코로 두고 뜨개판을 뒤로 돌린다.

129단　안뜨기로 코막음 4코, 겉 3, 안 2, 겉 4, 안 4, 겉 4, 안 2, 겉 4, 안 2, 겉 1, (겉 1, 안 1)×9, 실을 앞으로 놓고, 왼쪽 바늘의 첫코를 뜨지 않고 오른쪽 바늘에 옮긴다. 실을 뒤로 보내고, 오른쪽 바늘로 옮겨 놓았던 1코를 다시 왼쪽 바늘로 옮긴다. 뜨개판을 뒤로 돌린다.

130단　(안 1, 겉 1)×9, 안 1, 11원C 1, 안 3, 21원C 1, 안 4, 겉 4, 안 4, 21오C 1, 안 3, 뜨개판을 뒤로 돌린다.

131단　안뜨기로 코막음 4코, 겉 5, 안 4, 겉 5, 안 2, 겉 3, 안 2, (겉 1, 안 1)×7, 겉 1, 실을 앞으로 놓고, 왼쪽 바늘의 첫코를 뜨지 않고 오른쪽 바늘에 옮긴다. 실을 뒤로 보내고, 오른쪽 바늘로 옮겨 놓았던 1코를 다시 왼쪽 바늘로 옮긴다. 뜨개판을 뒤로 돌린다.

132단　(겉 1, 안 1)×7, 안 1, 11원C 1, 안 3, 겉 2, 안 5, 22원C 1, 안 5, 겉 1, 뜨개판을 뒤로 돌린다.

133단　안뜨기로 코막음 3코, 겉 2, 안 4, 겉 5, 안 2, 겉 3, 안 2, 겉 1, (겉 1, 안 1)×4, 겉 1, 실을 앞으로 놓고, 왼쪽 바늘의 첫코를 뜨지 않고 오른쪽 바늘에 옮긴다. 실을 뒤로 보내고, 오른쪽 바늘로 옮겨 놓았던 1코를 다시 왼쪽 바늘로 옮긴다. 뜨개판을 뒤로 돌린다.

134단　(겉 1, 안 1)×5, 11원C 1, 안 3, 겉 2, 안 5, 겉 4, 안 3, 뜨개판을 뒤로 돌린다.

135단　안뜨기로 코막음 2코, 안 4, 겉 5, 안 2, 겉 3, 안 2, (겉 1, 안 1)×2, 겉 1, 실을 앞으로 놓고, 왼쪽 바늘의 첫코를 뜨지 않고 오른쪽 바늘에 옮긴다. 실을 뒤로 보내고, 오른쪽 바늘로 옮겨 놓았던 1코를 다시 왼쪽 바늘로 옮긴다. 뜨개판을 뒤로 돌린다.

136단　(겉 1, 안 1)×2, 안 1, 11원C 1, 안 3, 겉 2, 안 5, 22원C 1, 안 1, 뜨개판을 뒤로 돌린다.

137단　안원2T 1, 안 3, 겉 5, 안 2, 겉 3, 안 2, 실을 앞으로 놓고, 왼쪽 바늘의 첫코를 뜨지 않고 오른쪽 바늘에 옮긴다. 실을 뒤로 보내고, 오른쪽 바늘로 옮겨 놓았던 1코를 다시 왼쪽 바늘로 옮긴다. 뜨개판을 뒤로 돌린다.

138단　11원C 1, 안 3, 22오C 1, 안 2, 21원C 1, 겉 2, 뜨개판을 뒤로 돌린다.

139단　안원2T 1, 겉 1, (안 2, 겉 2)×2, 실을 앞으로 놓고, 왼쪽 바늘의 첫코를 뜨지 않고 오른쪽 바늘에 옮긴다. 실을 뒤로 보내고, 오른쪽 바늘로 옮겨 놓았던 1코를 다시 왼쪽 바늘로 옮긴다. 뜨개판을 뒤로 돌린다.

140단　안 2, 21오C 1, 21원C 1, 안 1, 겉 1, 뜨개판을 뒤로 돌린다.

141단　안 1, 겉 2, 안 2, 실을 앞으로 놓고, 왼쪽 바늘의 첫코를 뜨지 않고 오른쪽 바늘에 옮긴다. 실을 뒤로 보내고, 오른쪽 바늘로 옮겨 놓았던 1코를 다시 왼쪽 바늘로 옮긴다. 뜨개판을 뒤로 돌린다.

142단　겉 2, 안 2, 겉 1, 뜨개판을 뒤로 돌린다.

143단　안 1, 겉 2, 안 2, 왼쪽 바늘 첫코 밑에 걸려 있는 코를 끌어올린다. 끌어올린 코와 왼쪽 바늘의 첫코를 한꺼번에 안뜨기로 뜬다. 안 1, 겉 3, 왼쪽 바늘 첫코 밑에 걸려 있는 코를 끌어올린다. 끌어올린 코와 왼쪽 바늘의 첫코를 한꺼번에 겉뜨기로 뜬다. 겉 2, 안 2, 왼쪽 바늘 첫코 밑에 걸려 있는 코를 끌어올린다. 끌어올린 코와 왼쪽 바늘의 첫코를 한꺼번에 겉뜨기로 뜬다. (겉 1, 안 1)×2, 왼쪽 바늘 첫코 밑에 걸려 있는 코를 끌어올린다. 끌어올린 코와 왼쪽 바늘의 첫코를 한꺼번에 겉뜨기로 뜬다. (겉 1, 안 1)×2, 왼쪽 바늘 첫코 밑에 걸려 있는 코를 끌어올린다. 끌어올린 코와 왼쪽 바늘의 첫코를 한꺼번에 안뜨기로 뜬다. (겉 1, 안 1)×2, 왼쪽 바늘 첫코 밑에 걸려 있는 코를 끌어올린다. 끌어올린 코와 왼쪽 바늘의 첫코를 한꺼번에 안뜨기로 뜬다. 겉 1, 안 1, 겉 1, 왼쪽 바늘 첫코 밑에 걸려 있는 코를 끌어올린다. 끌어올린 코와 왼쪽 바늘의 첫코를 한꺼번에 겉뜨기로 뜬다. 안 1, 겉 1, 안 1.

실을 10cm 정도 남기고 자른다. 왼쪽 어깨 코 38코를 쉼코로 둔다.

[앞목 줄임, 오른쪽 어깨 되돌아뜨기단]

128단　쉼코로 두었던 69코의 첫코에 새 실을 걸어 겉뜨기로 코막음 16코, 안 1, 11원C 1, 안 4, 22원C 1, 안 2, 22원C 1, 안 2, 22오C 1, 안 4, 11원C 1, 안 1, (겉 1, 안 1)×9, 실을 앞으로 놓고, 왼쪽 바늘의 첫코를 뜨지 않고 오른쪽 바늘에 옮긴다. 실을 뒤로 보내고, 오른쪽 바늘로 옮겨 놓았던 1코를 다시 왼쪽 바늘로 옮긴다. 뜨개판을 뒤로 돌린다.

129단　(겉 1, 안 1)×9, 겉 1, 안 2, 겉 4, 안 2, 겉 4, 안 4, (겉 4, 안 2)×2, 겉 2, 뜨개판을 뒤로 돌린다.

130단　겉뜨기로 코막음 4코, 안 2, 21원C 1, 안 4, 겉 4, 안 4, 21오C 1, 안 3, 11원C 1, 안 1, (안 1, 겉 1)×7, 실을 앞으로 놓고, 왼쪽 바늘의 첫코를 뜨지 않고 오른쪽 바늘에 옮긴다. 실을 뒤로 보내고, 오른쪽 바늘로 옮겨 놓았던 1코를 다시 왼쪽 바늘로 옮긴다. 뜨개판을 뒤로 돌린다.

131단   (안 1, 겉 1)×7, 겉 1, 안 2, 겉 3, 안 2, 겉 5, 안 4, 겉 5, 안 2, 겉 3, 뜨개판을 뒤로 돌린다.

132단   겉뜨기로 코막음 4코, 안 5, 22원C 1, 안 5, 겉 2, 안 3, 11원C 1, (안 1, 겉 1)×5, 실을 앞으로 놓고, 왼쪽 바늘의 첫코를 뜨지 않고 오른쪽 바늘에 옮긴다. 실을 뒤로 보내고, 오른쪽 바늘로 옮겨 놓았던 1코를 다시 왼쪽 바늘로 옮긴다. 뜨개판을 뒤로 돌린다.

133단   (안 1, 겉 1)×5, 안 2, 겉 3, 안 2, 겉 5, 안 4, 겉 5, 안 1, 뜨개판을 뒤로 돌린다.

134단   겉뜨기로 코막음 3코, 안 2, 겉 4, 안 5, 겉 2, 안 3, 11원C 1, 안 1, (안 1, 겉 1)×2, 실을 앞으로 놓고, 왼쪽 바늘의 첫코를 뜨지 않고 오른쪽 바늘에 옮긴다. 실을 뒤로 보내고, 오른쪽 바늘로 옮겨 놓았던 1코를 다시 왼쪽 바늘로 옮긴다. 뜨개판을 뒤로 돌린다.

135단   (안 1, 겉 1)×2, 겉 1, 안 2, 겉 3, 안 2, 겉 5, 안 4, 겉 3, 뜨개판을 뒤로 돌린다.

136단   겉뜨기로 코막음 2코, 22원C 1, 안 5, 겉 2, 안 3, 11원C 1, 실을 앞으로 놓고, 왼쪽 바늘의 첫코를 뜨지 않고 오른쪽 바늘에 옮긴다. 실을 뒤로 보내고, 오른쪽 바늘로 옮겨 놓았던 1코를 다시 왼쪽 바늘로 옮긴다. 뜨개판을 뒤로 돌린다.

137단   안 2, 겉 3 안 2, 겉 5, 안 4, 겉 1, 뜨개판을 뒤로 돌린다.

138단   오D 1, 겉 1, 21오C 1, 안 2, 22원C 1, 실을 앞으로 놓고, 왼쪽 바늘의 첫코를 뜨지 않고 오른쪽 바늘에 옮긴다. 실을 뒤로 보내고, 오른쪽 바늘로 옮겨 놓았던 1코를 다시 왼쪽 바늘로 옮긴다. 뜨개판을 뒤로 돌린다.

139단   (겉 2, 안 2)×2, 겉 1, 안 2, 뜨개판을 뒤로 돌린다.

140단   오D 1, 안 1, 21오C 1, 실을 앞으로 놓고, 왼쪽 바늘의 첫코를 뜨지 않고 오른쪽 바늘에 옮긴다. 실을 뒤로 보내고, 오른쪽 바늘로 옮겨 놓았던 1코를 다시 왼쪽 바늘로 옮긴다. 뜨개판을 뒤로 돌린다.

141단   안 2, 겉 2, 안 1, 뜨개판을 뒤로 돌린다.

142단   겉 1, 안 2, 겉 2, 21원C 1, 안 2, 왼쪽 바늘 첫코 밑에 걸려 있는 코를 끌어올린다. 끌어올린 코와 왼쪽 바늘의 첫코를 한꺼번에 안뜨기로 뜬다. 안 2, 11원C 1, 왼쪽 바늘 첫코 밑에 걸려 있는 코를 끌어올린다. 끌어올린 코와 왼쪽 바늘의 첫코를 한꺼번에 안뜨기로 뜬다. (겉 1, 안 1)×2, 왼쪽 바늘 첫코 밑에 걸려 있는 코를 끌어올린다. 끌어올린 코와 왼쪽 바늘의 첫코를 한꺼번에 안뜨기로 뜬다. (겉 1, 안 1)×2, 왼쪽 바늘 첫코 밑에 걸려 있는 코를 끌어올린다. 끌어올린 코와 왼쪽 바늘의 첫코를 한꺼번에 안뜨기로 뜬다. (겉 1, 안 1)×2, 왼쪽 바늘 첫코 밑에 걸려 있는

코를 끌어올린다. 끌어올린 코와 왼쪽 바늘의 첫코를 한꺼번에 안뜨기로 뜬다. 겉 1, 안 1, 겉 1, 왼쪽 바늘 첫코 밑에 걸려 있는 코를 끌어올린다. 끌어올린 코와 왼쪽 바늘의 첫코를 한꺼번에 겉뜨기로 뜬다. 안 1, 겉 2. 뜨개판을 뒤로 돌린다.

143단   (안 2, 겉 1)×2, 안 1, (겉 2, 안 1, 겉 1, 안 1)×3, 겉 1, 안 2, 겉 6, 안 4, 겉 2, 안 1.

실을 10cm 정도 남기고 자른다. 오른쪽 어깨 코 38코를 쉼코로 둔다.

앞/뒤판 연결

떠 놓은 앞, 뒤판의 겉과 겉을 맞대고 '덮어씌워 잇기'로 어깨를 잇는다.

2(겉)대1(안) 오른코 위 교차뜨기(→21오C)

1

꽈배기 바늘을 처음 2코에 넣는다.

2

꽈배기 바늘의 2코를 앞쪽으로 빼 둔다.

3

다음 1코를 안뜨기로 뜬다.

4

안뜨기로 1코를 뜬 모습.

5

꽈배기 바늘에 빼 놓았던 2코를 겉뜨기로 뜬다.

6

겉뜨기 2코를 뜬 모습.

2(겉)대1(안) 왼코 위 교차뜨기(→21왼C)

1

꽈배기 바늘을 처음 1코에 넣는다.

2

꽈배기 바늘의 1코를 뒤쪽으로 빼 둔다.

3

다음 2코를 겉뜨기로 뜬다.

겉뜨기 2코를 뜬 모습.

꽈배기 바늘에 빼 놓았던 1코를 안뜨기로 뜬다.

안뜨기 1코를 뜬 모습.

2(겉)대2(안) 오른코 위 교차뜨기(→22오C)

꽈배기 바늘을 처음 2코에 넣는다.

꽈배기 바늘의 2코를 앞쪽으로 빼 둔다.

다음 2코를 안뜨기로 뜬다.

안뜨기로 2코를 뜬 모습.

꽈배기 바늘에 빼 놓았던 2코를 겉뜨기로 뜬다.

겉뜨기 2코를 뜬 모습.

2(겉)대2(안) 왼코 위 교차뜨기(→22왼C)

꽈배기 바늘을 처음 2코에 넣는다.

꽈배기 바늘의 2코를 뒤쪽으로 빼 둔다.

다음 2코를 겉뜨기로 뜬다.

겉뜨기로 2코를 뜬 모습.

꽈배기 바늘에 빼 놓았던 2코를 안뜨기로 뜬다.

안뜨기 2코를 뜬 모습.

완성한 모습.

1. 2(겉) 대 2(안) 왼코 위 교차뜨기
2. 2(겉) 대 1(안) 오른코 위 교차뜨기
3. 2(겉) 대 1(안) 왼 코 위 교차뜨기
4. 2(겉) 대 2(안) 오른코 위 교차뜨기

목둘레단

4mm 바늘을 사용하여 목둘레에서 104코를 주워 '원형뜨기'로 뜬다.

1~5단   (겉 2, 안 2)×26.
겉뜨기코는 겉뜨기로, 안뜨기코는 안뜨기로 뜨면서 느슨하게 '덮어씌워 코막음'(184쪽 참조)을 한다.

옆단

4mm 바늘을 사용하여 앞, 뒤판의 옆선에서 196코를 줍는다.

1단	안S 1, (안 2, 겉 2)×48, 안 3.
2단	겉S 1, (겉 2, 안 2)×48, 겉 3.
3~12단	1~2단 5회 반복.
13단	안S 1, (안 2, 겉 2)×48, 안 3.

겉뜨기 코는 겉뜨기로, 안뜨기 코는 안뜨기로 뜨면서 느슨하게 '덮어씌워 코막음'을 한다.

마무리

1 64쪽 '대바늘에서 실 정리하기'를 참조해 실을 정리한다.
2 그림을 참고해 앞, 뒤판의 옆선을 겹친 다음 민트색 실로 단추 2개를 단다.

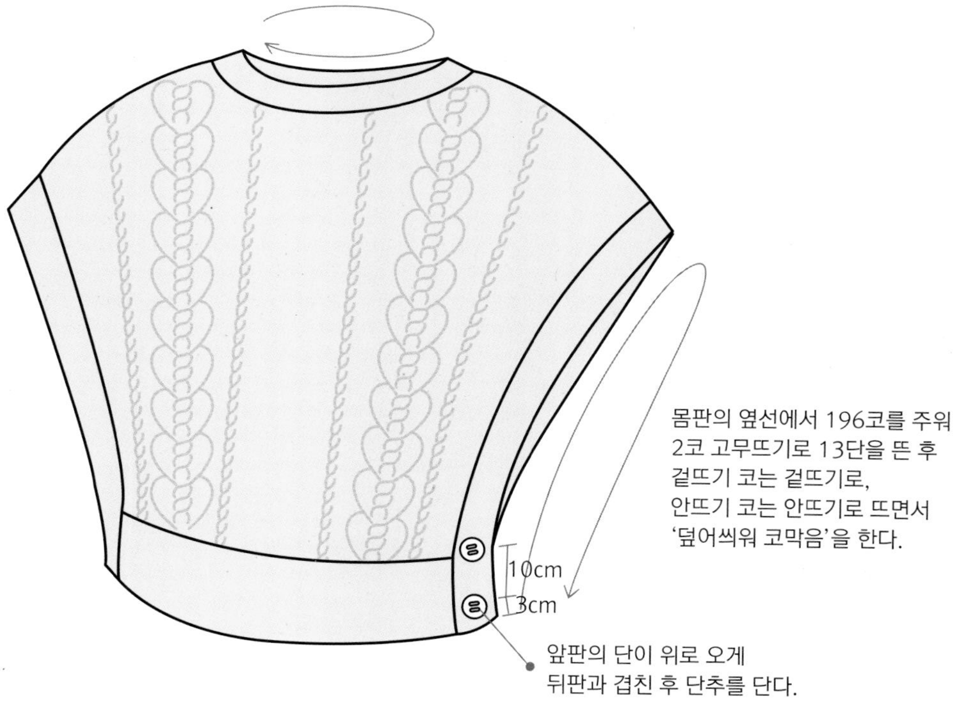

목둘레에서 104코를 주워
2코 고무뜨기로 5단을 뜬 후
겉뜨기 코는 겉뜨기로,
안뜨기 코는 안뜨기로 뜨면서
'덮어씌워 코막음'을 한다.

몸판의 옆선에서 196코를 주워
2코 고무뜨기로 13단을 뜬 후
겉뜨기 코는 겉뜨기로,
안뜨기 코는 안뜨기로 뜨면서
'덮어씌워 코막음'을 한다.

10cm
3cm

앞판의 단이 위로 오게
뒤판과 겹친 후 단추를 단다.

후드 집업 베스트

겉뜨기와 안뜨기만 알아도 뜰 수 있을 정도로 쉽지만, 지퍼를 달고 후드 끈을 넣으면 어려운 작품 하나 마친 것처럼 만족스러운 후드 집업 베스트예요. 가는 실을 사용해 작업 시간은 좀 오래 걸리니, 천천히 끈기 있게 완성해 보아요.

사이즈	가슴둘레 102cm, 길이 56cm(후드 제외)
사용한 실	샤헨마이어 레기아 메리노 약(Regia Merino Yak) 7509번(연보라색) 350g
바늘	줄바늘 3mm 1개, 3.5mm 1개, 모사용 코바늘 3/0호 1개
기타 준비물	가위, 돗바늘, 지퍼, 마커 6개, 시침핀 8개, 바느질용 바늘과 실

게이지	무늬뜨기 22코×30단
난이도	◆◆

• 밑에서부터 떠 올라가 어깨를 연결하는 바텀업 방식으로 뜬다.

겉 ← 겉뜨기 | 안 ← 안뜨기 | 오D ← 오른코 줄이기 | 왼D ← 왼코 줄이기 | 겉L ← 끌어올려 겉뜨기로 늘리기 | 안L ← 끌어올려 안뜨기로 늘리기

HOW TO MAKE

뒤판

3mm 바늘을 사용하여 '일반코잡기'로 114코를 잡는다.

1단	안 114.
2단	겉 114.
3~38단	1~2단을 18회 반복.
39단	안 114.
40단(겹단 만들기)	처음 시작 부분의 코를 끌어올려 2코를 한꺼번에 겉뜨기로 뜬다. 나머지 113코도 같은 방법으로 뜬다(143쪽 '겹단 만들기' 설명과 사진 참조).
41단	안 114.

3.5mm 바늘로 바꾼다.

42단	(겉 2, 안 2)×28, 겉 2.
43단	안 114.
44~183단	42~43단을 70회 반복한다. 이때 117단의 시작과 끝에 마커 표시(마커1)를 한다.

[오른쪽/왼쪽 어깨 되돌아뜨기단]

184단	(겉 2, 안 2)×26, 겉 2, 안 1, 실을 앞으로 놓고, 왼쪽 바늘의 첫코를 뜨지 않고 오른쪽 바늘에 옮긴다. 실을 뒤로 보내고, 오른쪽 바늘로 옮겨 놓았던 1코를 다시 왼쪽 바늘로 옮긴다. 뜨개판을 뒤로 돌린다.
185단	안 100, 실을 앞으로 놓고, 왼쪽 바늘의 첫코를 뜨지 않고 오른쪽 바늘에 옮긴다. 실을 뒤로 보내고, 오른쪽 바늘로 옮겨 놓았던 1코를 다시 왼쪽 바늘로 옮긴다. 뜨개판을 뒤로 돌린다.
186단	안 1, (겉 2, 안 2)×23, 실을 앞으로 놓고, 왼쪽 바늘의 첫코를 뜨지 않고 오른쪽 바늘에 옮긴다. 실을 뒤로 보내고, 오른쪽 바늘로 옮겨 놓았던 1코를 다시 왼쪽 바늘로 옮긴다. 뜨개판을 뒤로 돌린다.
187단	안 86, 실을 앞으로 놓고, 왼쪽 바늘의 첫코를 뜨지 않고 오른쪽 바늘에 옮긴다. 실을 뒤로 보내고, 오른쪽 바늘로 옮겨 놓았던 1코를 다시 왼쪽 바늘로 옮긴

	다. 뜨개판을 뒤로 돌린다.
188단	(안 2, 겉 2)×19, 안 2, 겉 1, 실을 앞으로 놓고, 왼쪽 바늘의 첫코를 뜨지 않고 오른쪽 바늘에 옮긴다. 실을 뒤로 보내고, 오른쪽 바늘로 옮겨 놓았던 1코를 다시 왼쪽 바늘로 옮긴다. 뜨개판을 뒤로 돌린다.
189단	안 72, 실을 앞으로 놓고, 왼쪽 바늘의 첫코를 뜨지 않고 오른쪽 바늘에 옮긴다. 실을 뒤로 보내고, 오른쪽 바늘로 옮겨 놓았던 1코를 다시 왼쪽 바늘로 옮긴다. 뜨개판을 뒤로 돌린다.
190단	겉 1, (안 2, 겉 2)×16, 실을 앞으로 놓고, 왼쪽 바늘의 첫코를 뜨지 않고 오른쪽 바늘에 옮긴다. 실을 뒤로 보내고, 오른쪽 바늘로 옮겨 놓았던 1코를 다시 왼쪽 바늘로 옮긴다. 뜨개판을 뒤로 돌린다.
191단	안 58, 실을 앞으로 놓고, 왼쪽 바늘의 첫코를 뜨지 않고 오른쪽 바늘에 옮긴다. 실을 뒤로 보내고, 오른쪽 바늘로 옮겨 놓았던 1코를 다시 왼쪽 바늘로 옮긴다. 뜨개판을 뒤로 돌린다.
192단	(겉 2, 안 2)×14, 겉 2, 왼쪽 바늘 첫코 밑에 걸려 있는 코를 끌어올린다. 끌어올린 코와 왼쪽 바늘의 첫코를 한꺼번에 안뜨기로 뜬다. 안 1, 겉 2, 안 2, 겉 1, 왼쪽 바늘 첫코 밑에 걸려 있는 코를 끌어올린다. 끌어올린 코와 왼쪽 바늘의 첫코를 한꺼번에 겉뜨기로 뜬다. 안 2, 겉 2, 안 2, 왼쪽 바늘 첫코 밑에 걸려 있는 코를 끌어올린다. 끌어올린 코와 왼쪽 바늘의 첫코를 한꺼번에 겉뜨기로 뜬다. 겉 1, 안 2, 겉 2, 안 1, 왼쪽 바늘 첫코 밑에 걸려 있는 코를 끌어올린다. 끌어올린 코와 왼쪽 바늘의 첫코를 한꺼번에 안뜨기로 뜬다. 겉 2, 안 2, 겉 2.
193단	안 86, 왼쪽 바늘 첫코 밑에 걸려 있는 코를 끌어올린다. 끌어올린 코와 왼쪽 바늘의 첫코를 한꺼번에 안뜨기로 뜬다. 안 6, 왼쪽 바늘 첫코 밑에 걸려 있는 코를 끌어올린다. 끌어올린 코와 왼쪽 바늘의 첫코를 한꺼번에 안뜨기로 뜬다. 안 6, 왼쪽 바늘 첫코 밑에 걸려 있는 코를 끌어올린다. 끌어올린 코와 왼쪽 바

늘의 첫코를 한꺼번에 안뜨기로 뜬다. 안 6, 왼쪽 바늘 첫코 밑에 걸려 있는 코를 끌어올린다. 끌어올린 코와 왼쪽 바늘의 첫코를 한꺼번에 안뜨기로 뜬다. 안 6.

남은 114코는 쉼코로 둔다.

왼쪽 앞판

3mm 바늘을 사용하여 '일반코잡기'로 62코를 잡는다.

1단	안 62.
2단	겉 62.
3~38단	1~2단을 18회 반복.
39단	안 62.
40단(겹단 만들기)	처음 시작 부분의 코를 끌어올려 2코를 한꺼번에 겉뜨기로 뜬다. 나머지 61코도 같은 방법으로 뜬다(143쪽 '겹단 만들기' 설명과 사진 참조).
41단	안 62.

3.5mm 바늘로 바꾼다.

42단	(겉 2, 안 2)×15, 겉S 1, 겉 1.
43단	안S 1, 안 61.
44~183단	42~43단을 70회 반복한다. 이때 117단의 시작 부분에 마커 표시(마커2)를 하고, 178단의 끝부분에 마커 표시(마커3)를 한다.

[왼쪽 어깨 되돌아뜨기단]

184단	(겉 2, 안 2)×15, 겉S 1, 겉 1.
185단	안S 1, 안 54, 실을 앞으로 놓고, 왼쪽 바늘의 첫코를 뜨지 않고 오른쪽 바늘에 옮긴다. 실을 뒤로 보내고, 오른쪽 바늘로 옮겨 놓았던 1코를 다시 왼쪽 바늘로 옮긴다. 뜨개판을 뒤로 돌린다.
186단	안 1, (겉 2, 안 2)×13, 겉S 1, 겉 1.
187단	안S 1, 안 47, 실을 앞으로 놓고, 왼쪽 바늘의 첫코를 뜨지 않고 오른쪽 바늘에 옮긴다. 실을 뒤로 보내고, 오른쪽 바늘로 옮겨 놓았던 1코를 다시 왼쪽 바늘로 옮긴다. 뜨개판을 뒤로 돌린다.
188단	(안 2, 겉 2)×11, 안 2, 겉S 1, 겉 1.
189단	안S 1, 안 40, 실을 앞으로 놓고, 왼쪽 바늘의 첫코를 뜨지 않고 오른쪽 바늘에 옮긴다. 실을 뒤로 보내고, 오른쪽 바늘로 옮겨 놓았던 1코를 다시 왼쪽 바늘로 옮긴다. 뜨개판을 뒤로 돌린다.
190단	겉 1, (안 2, 겉 2)×9, 안 2, 겉S 1, 겉 1.
191단	안S 1, 안 33, 실을 앞으로 놓고, 왼쪽 바늘의 첫코를 뜨지 않고 오른쪽 바늘에 옮긴다. 실을 뒤로 보내고, 오른쪽 바늘로 옮겨 놓았던 1코를 다시 왼쪽 바늘로

옮긴다. 뜨개판을 뒤로 돌린다.

192단	(겉 2, 안 2)×8, 겉S 1, 겉 1.
193단	안S 1, 안 33, 왼쪽 바늘 첫코 밑에 걸려 있는 코를 끌어올린다. 끌어올린 코와 왼쪽 바늘의 첫코를 한꺼번에 안뜨기로 뜬다. 안 6, 왼쪽 바늘 첫코 밑에 걸려 있는 코를 끌어올린다. 끌어올린 코와 왼쪽 바늘의 첫코를 한꺼번에 안뜨기로 뜬다. 안 6, 왼쪽 바늘 첫코 밑에 걸려 있는 코를 끌어올린다. 끌어올린 코와 왼쪽 바늘의 첫코를 한꺼번에 안뜨기로 뜬다. 안 6, 왼쪽 바늘 첫코 밑에 걸려 있는 코를 끌어올린다. 끌어올린 코와 왼쪽 바늘의 첫코를 한꺼번에 안뜨기로 뜬다. 안 6.

남은 62코는 쉼코로 둔다.

오른쪽 앞판

3mm 바늘을 사용하여 '일반코잡기'로 62코를 잡는다.

1단	안 62.
2단	겉 62.
3~38단	1~2단을 18회 반복.
39단	안 62.
40단(겹단 만들기)	처음 시작 부분의 코를 끌어올려 2코를 한꺼번에 겉뜨기로 뜬다. 나머지 61코도 같은 방법으로 뜬다(143쪽 '겹단 만들기' 설명과 사진 참조).
41단	안 62.

3.5mm 바늘로 바꾼다.

42단	겉S 1, 겉 1, (안2, 겉 2)×15.
43단	안 60, 안S 1, 안 1.
44~183단	42~43단을 70회 반복한다. 이때 117단의 끝부분에 마커 표시(마커2)를 하고, 178단 시작 부분에 마커 표시(마커3)를 한다.

[오른쪽 어깨 되돌아뜨기단]

184단	겉S 1, 겉 1, (안 2, 겉 2)×13, 안 1, 실을 앞으로 놓고, 왼쪽 바늘의 첫코를 뜨지 않고 오른쪽 바늘에 옮긴다. 실을 뒤로 보내고, 오른쪽 바늘로 옮겨 놓았던 1코를 다시 왼쪽 바늘로 옮긴다. 뜨개판을 뒤로 돌린다.
185단	안 53, 안S 1, 안 1.
186단	겉S 1, 겉 1, (안 2, 겉 2)×11, 안 2, 실을 앞으로 놓고, 왼쪽 바늘의 첫코를 뜨지 않고 오른쪽 바늘에 옮긴다. 실을 뒤로 보내고, 오른쪽 바늘로 옮겨 놓았던 1코를 다시 왼쪽 바늘로 옮긴다. 뜨개판을 뒤로 돌린다.

187단	안 46, 안S 1, 안 1.
188단	겉S 1, 겉 1, (안 2, 겉 2)×9, 안 2, 겉 1, 실을 앞으로 놓고, 왼쪽 바늘의 첫코를 뜨지 않고 오른쪽 바늘에 옮긴다. 실을 뒤로 보내고, 오른쪽 바늘로 옮겨 놓았던 1코를 다시 왼쪽 바늘로 옮긴다. 뜨개판을 뒤로 돌린다.
189단	안 39, 안S 1, 안 1.
190단	겉S 1, 겉 1, (안 2, 겉 2)×8, 실을 앞으로 놓고, 왼쪽 바늘의 첫코를 뜨지 않고 오른쪽 바늘에 옮긴다. 실을 뒤로 보내고, 오른쪽 바늘로 옮겨 놓았던 1코를 다시 왼쪽 바늘로 옮긴다. 뜨개판을 뒤로 돌린다.
191단	안 32, 안S 1, 안 1.
192단	겉S 1, 겉 1, (안 2, 겉 2)×8, 왼쪽 바늘 첫코 밑에 걸려 있는 코를 끌어올린다. 끌어올린 코와 왼쪽 바늘의 첫코를 한꺼번에 안뜨기로 뜬다. 안 1, 겉 2, 안 2, 겉 1, 왼쪽 바늘 첫코 밑에 걸려 있는 코를 끌어올린다. 끌어올린 코와 왼쪽 바늘의 첫코를 한꺼번에 겉뜨기로 뜬다. 안 2, 겉 2, 안 2, 왼쪽 바늘 첫코 밑에 걸려 있는 코를 끌어올린다. 끌어올린 코와 왼쪽 바늘의 첫코를 한꺼번에 겉뜨기로 뜬다. 겉 1, 안 2, 겉 2, 안 1, 왼쪽 바늘 첫코 밑에 걸려 있는 코를 끌어올린다. 끌어올린 코와 왼쪽 바늘의 첫코를 한꺼번에 안뜨기로 뜬다. 겉 2, 안 2, 겉 2.
193단	안 60, 안S 1, 안 1.

남은 62코는 쉼코로 둔다.

앞/뒤판 연결

1   앞판과 뒤판의 겉과 겉을 맞대고 앞뒤 어깨 코 2코씩을 한꺼번에 겉뜨기로 뜨면서 36코를 '덮어씌워 잇기' 하고. 앞, 뒤판의 남은 코는 쉼코로 둔다.
2   앞, 뒤판의 옆선을 마커 표시 부분까지만 '돗바늘 메리야스 잇기'로 연결한다.

후드 집업 베스트 몸판

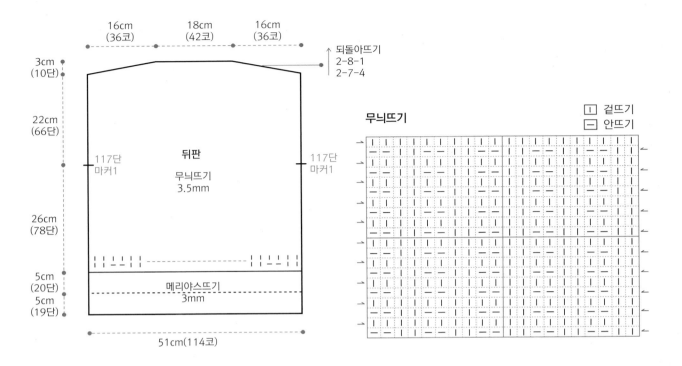

16cm (36코)   18cm (42코)   16cm (36코)

되돌아뜨기
2-8-1
2-7-4

3cm (10단)

22cm (66단)

117단
마커1

뒤판

무늬뜨기
3.5mm

117단
마커1

26cm (78단)

| | | | | | — — | | | | | |

5cm (20단)

메리야스뜨기
3mm

5cm (19단)

51cm(114코)

무늬뜨기

| □ | 겉뜨기 |
| □ | 안뜨기 |

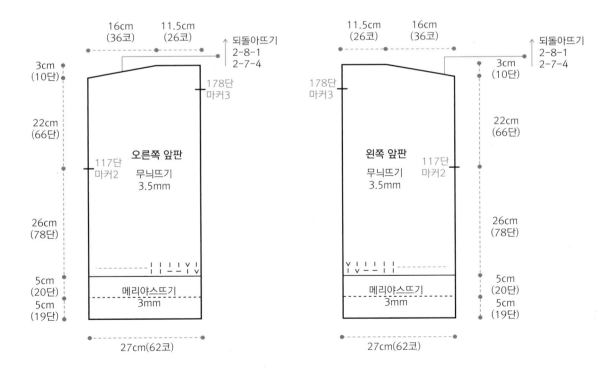

16cm (36코)   11.5cm (26코)

되돌아뜨기
2-8-1
2-7-4

3cm (10단)

178단
마커3

22cm (66단)

오른쪽 앞판

무늬뜨기
3.5mm

117단
마커2

26cm (78단)

| | | | | V

5cm (20단)

메리야스뜨기
3mm

5cm (19단)

27cm(62코)

11.5cm (26코)   16cm (36코)

되돌아뜨기
2-8-1
2-7-4

3cm (10단)

178단
마커3

왼쪽 앞판

무늬뜨기
3.5mm

117단
마커2

22cm (66단)

26cm (78단)

V | | | | |

5cm (20단)

메리야스뜨기
3mm

5cm (19단)

27cm(62코)

겹단 만들기

1

떠 놓은 뜨개판의 시작 부분①에 바늘을 넣고 뜨개판을 반으로 접는다.

2

바늘을 넣었던 코를 앞쪽 바늘로 옮긴다.

3

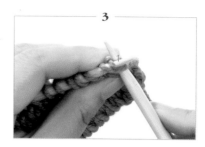

바늘에 걸려 있던 코②와 시작 부분의 코①, 두 코에 한꺼번에 바늘을 넣는다.

4

겉뜨기로 뜬다.

5

시작 부분의 두 번째 코③에 바늘을 넣는다.

6

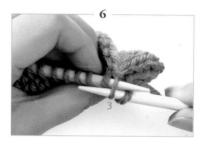

바늘을 넣었던 코를 앞쪽 바늘로 옮긴다.

7

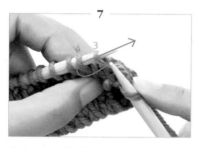

옮긴 모습. 바늘에 걸려 있던 코④와 두 번째 코③, 두 코에 한꺼번에 화살표 방향으로 바늘을 넣는다.

8

바늘을 넣은 모습.

9

겉뜨기로 뜬다.

10

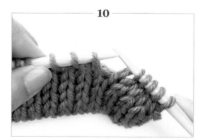

같은 방법을 반복한다.

11

완성한 모습.

후드 부분

3.5mm 바늘을 사용하여 쉼코로 두었던 왼쪽 앞판 26코, 어깨 연결 부분에서 2코, 뒤판 42코, 어깨 연결 부분에서 2코, 오른쪽 앞판 26코, 총 98코를 줍는다.

1단	안 98.
2단	(겉 2, 안 2)×24, 겉 2
3단	안 98.
4단	(겉 2, 안 2)×12, 겉L 1, 겉 2, 겉L 1, (안 2, 겉 2)×12(총 100코).
5단	안 100.
6단	(겉 2, 안 2)×12, 겉 4, (안 2, 겉 2)×12.
7단	안 100.
8단	(겉 2, 안 2)×12, 겉 1, 겉L 1, 겉 2, 겉L 1, 겉 1, (안 2, 겉 2)×12(총 102코).
9단	안 102.
10단	(겉 2, 안 2)×12, 겉 6, (안 2, 겉 2)×12.
11단	안 102.
12단	(겉 2, 안 2)×12, 겉 2, 안L 1, 겉 2, 안L 1, 겉 2, (안 2, 겉 2)×12(총 104코).
13단	안 104.
14단	(겉 2, 안 2)×12, 겉 2, 안 1, 겉 2, 안 1, 겉 2, (안 2, 겉 2)×12.
15단	안 104.
16단	(겉 2, 안 2)×12, 겉 2, 안 1, 안L 1, 겉 2, 안L 1, 안 1, 겉 2, (안 2, 겉 2)×12(총 106코).
17단	안 106.
18단	(겉 2, 안 2)×26, 겉 2.
19~102단	17~18단 42회 반복.
103단	안 106.
104단	(겉 2, 안 2)×12, 겉 2, 안 1, 왼D 1, 오D 1, 안 1, 겉 2, (안 2, 겉 2)×12(총 104코).
105단	안 104.
106단	(겉 2, 안 2)×12, 겉 2, 왼D 1, 오D 1, 겉 2, (안 2, 겉 2)×12(총 102코).
107단	안 102.
108단	(겉 2, 안 2)×12, 겉 1, 왼D 1, 오D 1, 겉 1, (안 2, 겉 2)×12(총 100코).
109단	안 100.
110단	(겉 2, 안 2)×12, 왼D 1, 오D 1, (안 2, 겉 2)×12(총 98코).
111단	안 98.

후드의 코를 반으로 나누어 겉과 겉을 맞대고 한꺼번에 2코씩 겉뜨기로 뜨면서 '덮어씌워 잇기'를 한다.

후드 앞단

3mm 바늘을 사용하여 후드 앞단에서 138코를 줍는다.

1단	안 138.
2단	겉 138.
3~16단	1~2단 7회 반복.
17단	안 138.

단을 안쪽으로 반 접어 코바늘 '빼뜨기'로 잇는다(145쪽 '겹단 빼뜨기로 잇기' 설명과 사진 참조).

후드 끈

4코 '아이코드뜨기'로 110~115cm 길이의 끈을 뜬다.

진동둘레단

3mm 바늘을 사용하여 진동 둘레에서 90코를 줍는다.

1단	안 90.
2단	겉 90.
3~30단	1~2단 14회 반복.
31단	안 90.

단을 안쪽으로 반 접어 코바늘 '빼뜨기'로 연결한다(145쪽 '겹단 빼뜨기로 잇기' 설명과 사진 참조).
다른 쪽 진동 둘레단도 같은 방법으로 뜬다.

마무리

1 밑단 겹단의 옆선을 '메리야스 잇기'(188쪽 참조)로 잇는다.
2 진동 둘레단의 옆선을 '메리야스 잇기'(188쪽 참조)로 잇는다.
3 밑단 끝부분부터 '마커3' 표시된 부분까지 지퍼를 잘 맞춰 시침핀으로 고정한 다음, 바느질용 바늘과 실로 박음질해 지퍼를 단다.
4 떠 놓은 끈을 후드 앞단에 끼운다.
5 64쪽 '대바늘에서 실 정리하기'를 참조해 마무리한다.

겹단 빼뜨기로 잇기

단을 접기 전 모습(안쪽).

단의 안쪽에서 대바늘에 걸린 첫코에 코바늘을 넣어 옮기고, 이어서 몸판 쪽 첫 단의 코에 화살표 방향으로 코바늘을 넣는다.

코바늘을 넣은 모습.

코바늘에 실을 감는다.

코바늘에 걸려 있는 두 코를 한꺼번에 빼뜨기로 뜬다.

다음 코에 코바늘을 넣는다.

몸판 쪽 첫 단의 두 번째 코에 바늘을 넣는다(코바늘을 넣는 위치 표시 참고).

코바늘에 실을 감는다.

코바늘에 걸려 있는 3코를 한꺼번에 빼뜨기로 뜬다.

다음 코에 코바늘을 넣는다. 같은 방법으로 7~9번을 끝까지 반복한다.

완성한 모습.

145

후드 집업 베스트

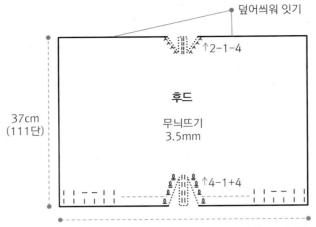

덮어씌워 잇기

↑2-1-4

후드
무늬뜨기
3.5mm

37cm
(111단)

↑4-1+4

98코 줍기(앞판 26코+어깨 2코+뒤판 42코+어깨 2코+앞판 26코)

지퍼 달기

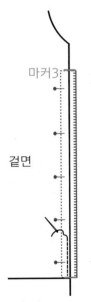

마커3

겉면

겹단이 끝난 지점에서부터
마커3 부분까지 안쪽면에
지퍼를 시침핀으로 고정한 후
박음질한다.

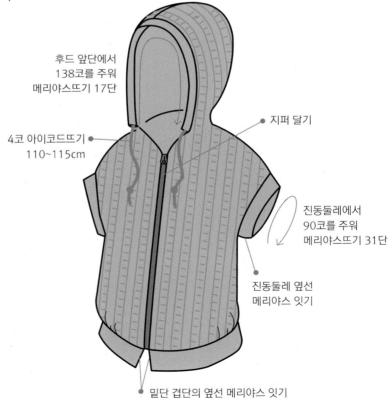

후드 앞단에서
138코를 주워
메리야스뜨기 17단

4코 아이코드뜨기
110~115cm

지퍼 달기

진동둘레에서
90코를 주워
메리야스뜨기 31단

진동둘레 옆선
메리야스 잇기

밑단 겹단의 옆선 메리야스 잇기

앞/뒤판 연결하기

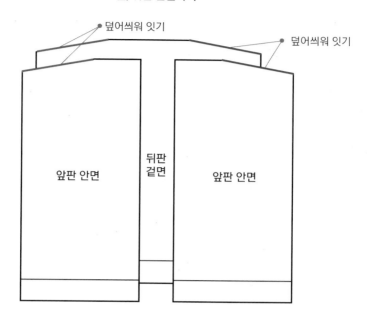

덮어씌워 잇기

덮어씌워 잇기

앞판 안면

뒤판
겉면

앞판 안면

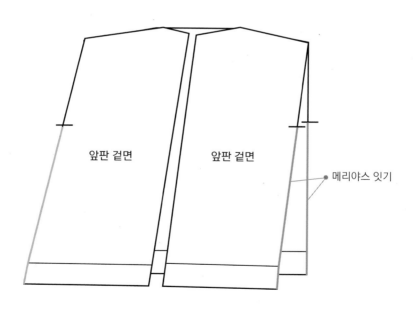

앞판 겉면

앞판 겉면

메리야스 잇기

모티브 로브

꽃무늬 모티브를 연결해 만드는 로브예요. 루즈핏으로 늘어지는 느낌이 멋스럽답니다. 소매 없이 디자인해 패션 소품으로 활용하기 좋아요. 원피스 위에 걸치면 우아하고 청바지 위에 입으면 발랄한 반전 매력이 있어요.

INFORMATION

사이즈	가슴둘레 106cm, 길이 75cm
사용한 실	샤헨마이어 레기아 알파카 소프트(Alpaca Soft) 90번 (회색) 200g, 62번(민트색) 100g
바늘	모사용 코바늘 7/0호 1개
기타 준비물	가위, 돗바늘
난이도	◆◆

• 코바늘로 모티브를 떠서 연결한다.
• 뜨는 순서는 153쪽 그림에서 파란색 숫자를 참고한다.

짧C ← 짧은뜨기 | 긴C ← 긴뜨기 | 한긴C ← 한길긴뜨기 | 네긴C ← 네길긴뜨기

※ 차트도안은 204~214쪽에 수록.

HOW TO MAKE

모티브 1-1

모사용 코바늘 7/0호를 사용하여 회색 실로 사슬뜨기 8코를 뜬 후 첫코에 빼뜨기로 연결한다.

1단	기둥코 1, 짧C 16, 첫코에 빼뜨기로 연결.
2단	사슬 7, 네긴C 1, 사슬 9, (짧C 1, 사슬 9, 네긴C 1, 사슬 1, 네긴C 1, 사슬 9)×2, 짧C 11.
3단	사슬 3, 한긴C 9, 긴C 5, 짧C 4, (짧C 4, 빼뜨기로 연결, 긴C 5, 한긴C 16, 긴C 5, 짧C 4)×2, 빼뜨기 1. 실을 자른다.
4단	도안의 '새 실 걸기'라고 표시된 부분에서 새 실을 걸어, 기둥코 1, (짧C 1, 사슬 5)×14, 짧C 1, 사슬 2, 한긴C 1.
5단	기둥코 1, (짧C 1, 사슬 7)×2, [짧C 11, (사슬 7, 짧C 1)×3, 사슬 7]×2, 짧C 3, 빼뜨기 1.

모티브 2-2, 2-6

모사용 코바늘 7/0호를 사용하여 회색 실로 사슬뜨기 7코를 뜬 후 첫코에 빼뜨기로 연결한다.

1단	기둥코 1, 짧C 13, 첫코에 빼뜨기로 연결.
2단	기둥코 1, (짧C 1, 사슬 9, 네긴C 1, 사슬 1, 네긴C 1, 사슬 9)×2, 짧C 1.
3단	기둥코 1, 짧C 4, 긴C 5, 한긴C 16, 긴C 5, 짧C 8, 빼뜨기로 연결, 긴C 5, 한긴C 16, 긴C 5, 짧C 4, 빼뜨기 1. 실을 자른다.
4단	도안의 '새 실 걸기'라고 표시된 부분에서 새 실을 걸어, 기둥코 1, (짧C 1, 사슬 5)×11, 짧C 1.
5단	기둥코 1, 짧C 3, (사슬 7, 짧C 1)×3, 사슬 3, 빼뜨기로 연결, 사슬 3, 짧C 11, 사슬 3, 빼뜨기로 연결, 사슬 3, (짧C 1, 사슬 7)×3, 짧C 3, 빼뜨기 1.

모티브 2-3, 2-7

모사용 코바늘 7/0호를 사용하여 회색 실로 사슬뜨기 7코를 뜬 후 첫코에 빼뜨기로 연결한다.

1단	기둥코 1, 짧C 13, 첫코에 빼뜨기로 연결.
2단	기둥코 1, (짧C 1, 사슬 9, 네긴C 1, 사슬 1, 네긴C 1, 사슬 9)×2, 짧C 1.
3단	기둥코 1, 짧C 4, 긴C 5, 한긴C 16, 긴C 5, 짧C 8, 빼뜨기로 연결, 긴C 5, 한긴C 16, 긴C 5, 짧C 4, 빼뜨기 1. 실을 자른다.
4단	도안의 '새 실 걸기'라고 표시된 부분에서 새 실을 걸어, 기둥코 1, (짧C 1, 사슬 5)×11, 짧C 1.
5단	기둥코 1, 짧C 3, 사슬 3, 빼뜨기로 연결, 사슬 3, (짧C 1, 사슬 7)×3, 짧C 11, (사슬 7, 짧C 1)×3, 사슬 7, 짧C 3, 빼뜨기 1.

모티브 4-4

모사용 코바늘 7/0호를 사용하여 회색 실로 사슬뜨기 8코를 뜬 후 첫코에 빼뜨기로 연결한다.

1단	기둥코 1, 짧C 16, 첫코에 빼뜨기로 연결.
2단	기둥코 1, (짧C 1, 사슬 9, 네긴C 1, 사슬 1, 네긴C 1, 사슬 9)×3, 짧C 1, 사슬 9, 네긴C 1, 사슬 1, 네긴C 1, 사슬 3, 네긴C 1.
3단	기둥코 3, 긴C 5, 짧C 4, (짧C 4, 빼뜨기로 연결, 긴C 5, 한긴C 16, 긴C 5, 짧C 4)×3, 짧C 4, 빼뜨기로 연결, 긴C 5, 한긴C 15, 첫코에 빼뜨기로 연결.
4단	기둥코 1, (짧C 1, 사슬 5)×23, 짧C 1, 사슬 2, 한긴C 1.
5단	기둥코 1, 짧C 11, 사슬 3, 빼뜨기로 연결, 사슬 3, (짧C 1, 사슬 7)×3, [짧C 11, (사슬 7, 짧C 1)×3, 사슬 7]×2, 짧C 11, 사슬 3, 빼뜨기로 연결, 사슬 3, (짧C 1, 사슬 7)×2, 짧C 1, 사슬 3, 빼뜨기로 연결, 사슬 3, 첫코에 빼뜨기로 연결.

모티브 4-5

모사용 코바늘 7/0호를 사용하여 회색 실로 사슬뜨기 8코를 뜬 후 첫코에 빼뜨기로 연결한다.

1~4단	모티브 4는 모두 동일.
5단	기둥코 1, 짧C 11, 사슬 3, 빼뜨기로 연결, 사슬 3, (짧C 1, 사슬 7)×3, [짧C 11, (사슬 7, 짧C 1)×3, 사슬 7]×2, 짧C 11, (사슬 7, 짧C 1)×3, 사슬 3, 빼뜨기로 연결, 사슬 3, 첫코에 빼뜨기로 연결.

모티브 3-8

모사용 코바늘 7/0호를 사용하여 사슬뜨기 8코를 뜬 후 첫코에 빼뜨기로 연결한다.

1단	기둥코 1, 짧C 16, 첫코에 빼뜨기로 연결.
2단	기둥코 1, (짧C 1, 사슬 9, 네긴C 1, 사슬 1, 네긴C 1, 사슬 9)×2, 짧C 1, 사슬 9, 네긴C 1, 사슬 1, 네긴C 1.
3단	기둥코 1, 짧C 14, 긴C 5, 한긴C 16, 긴C 5, 짧C 8, 빼뜨기로 연결, 긴C 5, 한긴C 16, 긴C 5, 짧C 8, 빼뜨기로 연결, 긴C 5, 한긴C 10.
4단	기둥코 1, (짧C 1, 사슬 5)×15, 짧C 1.
5단	기둥코 1, 짧C 3, 사슬 3, 빼뜨기로 연결, 사슬 3, (짧C 1, 사슬 7)×2, 짧C 1, 사슬 3, 빼뜨기로 연결, 사슬 3, 짧C 11, 사슬 3, 빼뜨기로 연결, 사슬 3, (짧C 1, 사슬 7)×3, 짧C 11, (사슬 7, 짧C 1)×2.

모티브 4-9, 4-15, 4-21

모사용 코바늘 7/0호를 사용하여 회색 실로 사슬뜨기 8코를 뜬 후 첫코에 빼뜨기로 연결한다.

1~4 단	모티브 4는 모두 동일.
5 단	기둥코 1, [짧C 11, (사슬 7, 짧C 1)×3, 사슬 7]×2, 짧C 11, (사슬 7, 짧C 1)×3, 사슬 3, 빼뜨기로 연결, 사슬 3, 짧C 11, 사슬 3, 빼뜨기로 연결, 사슬 3, (짧C 1, 사슬 7)×3, 첫코에 빼뜨기로 연결.

모티브 4-10~4-14, 4-16~4-20, 4-22~4-26

모사용 코바늘 7/0호를 사용하여 회색 실로 사슬뜨기 8코를 뜬 후 첫코에 빼뜨기로 연결한다.

1~4단	모티브 4는 모두 동일.
5단	기둥코 1, 짧C 11, 사슬 3, 빼뜨기로 연결, 사슬 3, (짧C 1, 사슬 7)×3, 짧C 11, (사슬 7, 짧C 1)×3, 사슬 7, 짧C 11, (사슬 7, 짧C 1)×3, 사슬 3, 빼뜨기로 연결, 사슬 3, 짧C 11, 사슬 3, 빼뜨기로 연결, 사슬 3, (짧C 1, 사슬 7)×2, 짧C 1, 사슬 3, 빼뜨기로 연결, 사슬 3, 첫코에 빼뜨기로 연결.

모티브 5 (총 17개)

모사용 코바늘 7/0호를 사용하여 민트색 실로 사슬뜨기 8코를 뜬 후 첫코에 빼뜨기로 연결한다.

1단	기둥코 1, 짧C 16, 첫코에 빼뜨기로 연결.
2단	기둥코 1, (짧C 1, 사슬 4, 빼뜨기로 연결, 사슬 4)×8, 첫코에 빼뜨기로 연결.

모티브 6 (총 10개)

모사용 코바늘 7/0호를 사용하여 민트색 실로 사슬뜨기 6코를 뜬 후 첫코에 빼뜨기로 연결한다.

1단	기둥코 1, 짧C 11, 첫코에 빼뜨기로 연결.
2단	기둥코 1, (짧C 1, 사슬 4, 빼뜨기로 연결, 사슬 4)×4, 짧C 1.

모티브 7 (총 2개)

모사용 코바늘 7/0호를 사용하여 민트색 실로 사슬뜨기 5코를 뜬 후 첫코에 빼뜨기로 연결한다.

1단	기둥코 1, 짧C 9, 첫코에 빼뜨기로 연결.
2단	기둥코 1, (짧C 1, 사슬 4, 빼뜨기로 연결, 사슬 4)×3, 짧C 1.

테두리 에징

모사용 코바늘 7/0호와 민트색 실로 211~214쪽 도안을 참조하여 '에징뜨기' 3단을 뜬다.

마무리

1 실을 10cm 이상 두고 자른다.
2 자른 실을 돗바늘에 꿰어 안쪽에서 테두리를 따라 서너 땀 꿰매고, 남은 실은 짧게 잘라 정리한다.

코바늘에서 실 정리하기

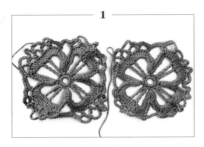

연결할 모티브를 맞대어 놓는다.

사슬 3코를 뜬다.

연결할 위치에 바늘을 넣는다.

바늘에 실을 감아 빼뜨기로 뜬다.

빼뜨기를 뜬 모습.

사슬뜨기 3코를 뜬 후 화살표 방향으로 바늘을 넣는다.

바늘을 넣은 모습. 도안의 기호대로 짧은뜨기 3코를 뜬다.

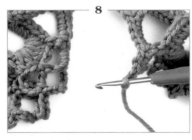

도안의 기호대로 짧은뜨기 9코를 뜬 후, 이어 사슬뜨기 3코를 뜬다.

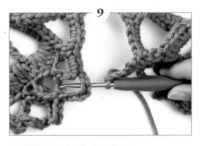

연결할 부분에 바늘을 넣는다.

바늘에 실을 걸어 빼뜨기로 뜬다.

빼뜨기를 뜬 모습.

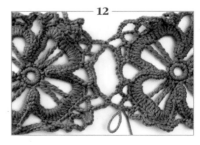

모티브를 연결한 모습.

모티브 로브

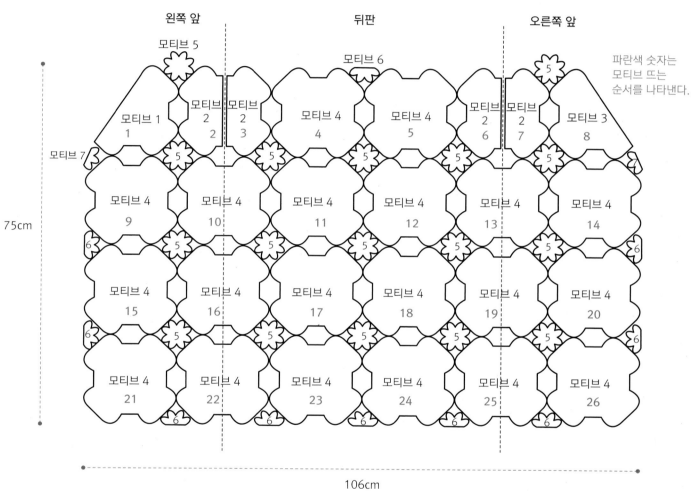

왼쪽 앞

뒤판

오른쪽 앞

모티브 5

모티브 6

5

파란색 숫자는
모티브 뜨는
순서를 나타낸다.

모티브 1
1

모티브
2
2

모티브
2
3

모티브 4
4

모티브 4
5

모티브
2
6

모티브
2
7

모티브 3
8

모티브 7

5

5

5

5

5

모티브 4
9

모티브 4
10

모티브 4
11

모티브 4
12

모티브 4
13

모티브 4
14

6

5

5

5

5

5

6

모티브 4
15

모티브 4
16

모티브 4
17

모티브 4
18

모티브 4
19

모티브 4
20

6

5

5

5

5

5

6

모티브 4
21

모티브 4
22

모티브 4
23

모티브 4
24

모티브 4
25

모티브 4
26

6

6

6

6

6

75cm

106cm

P

아란무늬 에코백

익숙한 아란무늬에 대바늘로 떴나 싶기도 하지만, 이 에코백은 코바늘 무늬뜨기로 작업한 거예요. 트위드실을 사용해 빈티지한 느낌을 더했어요.

INFORMATION

사이즈	가로 33cm, 세로 35cm
사용한 실	리코 패션 모던 트위드 아란(Fashion Modern Tweed Aran) 001번(크림색) 200g
바늘	모사용 코바늘 7/0호 1개
기타 준비물	가위, 돗바늘, 가죽 핸들 1쌍
난이도	◆ ◆ ◆

• 사슬코를 잡아 아래에서 위로 무늬를 넣으며 떠 올라가는 방식이다.

HOW TO MAKE

모사용 코바늘 7/0호를 사용하여 사슬뜨기로 49코를 뜬다.

1단	기둥코 1코, 첫 번째 코에 짧C 1, 짧C 47, 마지막 코에 짧C 3, 짧C 47, 첫 번째 코에 짧C 2, 빼뜨기로 연결(총 100코).
2단	기둥코 3코, 한긴C 1, 긴5P 1, 한긴C 1, 한긴11오C 2, 한긴C 1, (한긴C 3, 긴5P 1, 한긴C 1, 한긴11오C 2, 한긴C 1)×9, 한긴C 1, 빼뜨기로 연결.
3단	기둥코 3코, 한긴C 3, 한긴11왼FC 2, 한긴C 1, (한긴FC 1, 한긴C 4, 한긴11왼FC 2, 한긴C 1)×9, 한긴FC 1, 빼뜨기로 연결.
4단	기둥코 3코, 한긴C 2, 한긴11왼FC 2, 한긴C 2, (한긴FC 1, 한긴C 3, 한긴11왼FC 2, 한긴C 2)×9, 한긴FC 1, 빼뜨기로 연결.
5단	기둥코 3코, 한긴C 1, 한긴11왼FC 2, 한긴C 3, (한긴FC 1, 한긴C 2, 한긴11왼FC 2, 한긴C 3)×9, 한긴FC 1, 빼뜨기로 연결.
6단	기둥코 3코, 한긴11왼FC 2, 한긴C 1, 긴5P 1, 한긴C 2, (한긴FC 1, 한긴C 1, 한긴11왼FC 2, 한긴C 1, 긴5P 1, 한긴C 2)×9, 한긴FC 1, 빼뜨기로 연결.
7단	기둥코 3코, 한긴11오FC 2, 한긴C 4, (한긴FC 1, 한긴C 1, 한긴11오FC 2, 한긴C 4)×9, 한긴FC 1, 빼뜨기로 연결.
8단	기둥코 3코, 한긴C 1, 한긴11오FC 2, 한긴C 3, (한긴FC 1, 한긴C 2, 한긴11오FC 2, 한긴C 3)×9, 한긴FC 1, 빼뜨기로 연결.
9단	기둥코 3코, 한긴C 2, 한긴11오FC 2, 한긴C 2, (한긴FC 1, 한긴C 3, 한긴11오FC 2, 한긴C 2)×9, 한긴FC 1, 빼뜨기로 연결.
10단	기둥코 3코, 한긴C 1, 긴5P 1, 한긴C 1, 한긴11오FC 2, 한긴C 1, (한긴FC 1, 한긴C 2, 긴5P 1, 한긴C 1, 한긴11오FC 2, 한긴C 1)×9, 한긴FC 1, 빼뜨기로 연결.

짧C ← 짧은뜨기 | 한긴C ← 한길긴뜨기 | 긴5P ← 긴뜨기 5코 구슬뜨기 | 한긴FC ← 한길긴뜨기 앞 걸어뜨기 | 한긴11오C ← 한길긴뜨기 1대1 오른코 교차뜨기 | 한긴11왼FC ← 한길긴뜨기 1대1 왼코 위 앞 걸어 교차뜨기 | 한긴11오FC ← 한길긴뜨기 1대1 오른코 위 앞 걸어 교차뜨기

※ 차트도안은 223~224쪽에 수록.

11~26단	3~10단을 2회 반복.
27	3단 1회 반복.
28~31단	짧C 100, 빼뜨기로 연결.
32단	빼뜨기 100.

자석 여밈 단추

가죽 핸들

26cm

33cm

바늘에 실을 감아 화살표 방향으로 넣는다.

바늘을 넣은 모습.

바늘에 실을 감아 화살표 방향으로 빼낸다.

실을 빼낸 후 다시 실을 감아 화살표 방향으로 빼낸다.

실을 빼낸 후 다시 실을 감아 화살표 방향으로 빼낸다.

실을 빼낸 모습.

바늘에 실을 감아 화살표 방향으로 넣는다.

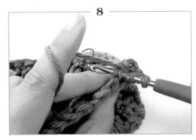

바늘을 넣은 모습. 바늘에 실을 감아 화살표 방향으로 빼낸다.

실을 빼낸 후 다시 실을 감아 화살표 방향으로 빼낸다.

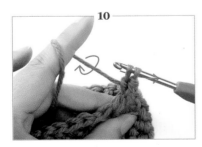

실을 빼낸 후 다시 실을 감아 화살표 방향으로 빼낸다.

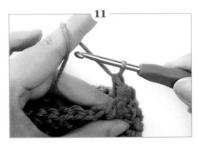

실을 빼낸 모습.

바늘에 실을 감아 화살표 방향으로 넣는다.

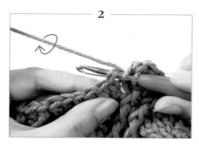

바늘을 넣은 모습. 실을 감아 화살표 방향으로 빼낸다.

실을 빼낸 모습.

바늘에 실을 감아 화살표 방향으로 넣는다.

바늘을 넣은 모습. 실을 감아서 화살표 방향으로 빼낸다.

실을 빼내고, 4~5번을 세 번 더 반복한다.

바늘에 실을 감아 화살표 방향으로 긴뜨기 5코 부분만 빼낸다. 한 코만 제외하고 빼내는 셈이다.

실을 빼낸 모습.

바늘에 실을 감아 두 코를 한꺼번에 빼낸다.

1

바늘에 실을 감아 화살표 방향으로 넣는다.

2

바늘을 넣은 모습. 바늘에 실을 감아 화살표 방향으로 빼낸다.

3

실을 빼낸 후 다시 실을 감아 화살표 방향으로 빼낸다.

4

실을 빼낸 후 다시 실을 감아 화살표 방향으로 빼낸다.

5

실을 빼낸 모습.

6

바늘에 실을 감아 화살표 방향으로 넣는다.

7

바늘을 넣은 모습. 바늘에 실을 감아 화살표 방향으로 빼낸다.

8

실을 빼낸 후 다시 실을 감아 화살표 방향으로 빼낸다.

9

실을 빼낸 후 다시 실을 감아 화살표 방향으로 빼낸다.

10

실을 빼낸 모습.

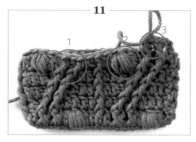

11

완성한 모습.

1. 한길긴뜨기 1대1 왼코 위 앞 걸어 교차뜨기
2. 긴뜨기 5코 구슬뜨기
3. 한길긴뜨기 1대1 오른코 위 앞 걸어 교차뜨기

한길긴뜨기 1대1 오른코 위 교차뜨기(→한긴11오C)

158쪽 한길긴뜨기 1대 1 오른코 위 앞 걸어 교차뜨기(→한긴11오FC)에서 6~10번 '한길긴뜨기 앞 걸어뜨기' 부분을 '한길긴뜨기'로 뜨면 된다.

마무리

1 실을 10cm 이상 두고 자른다.
2 자른 실을 돗바늘에 꿰어 안쪽에서 테두리를 따라 서너 땀 꿰매고, 남은 실은 짧게 잘라 정리한다.

※ 준비해 놓은 핸들 1쌍 달기를 비롯해 자석 여밈 단추, 안감 달기 작업은 전문 업체에 맡겨 진행(177쪽 업체 정보 참고)한다.

코바늘에서 실 정리하기

배색 크로스백

코바늘 이랑뜨기로 뜬 뜨개 조직을 가죽 가방 부자재 DIY 세트와 연결해 만드는 가방입니다.
단정한 체크무늬에 크기도 적당해 일상적으로 편하게 들 수 있어요.

사이즈   가방 바닥 길이 18cm, 높이 24.5cm

사용한 실   **갈색 크로스백** 리코 패션 모던 트위드 아란 008번(청록
             색), 013번(진노란색) 각 50g

             검은색 크로스백 리코 패션 모던 트위드 아란 009번(진
             회색), 002번(연갈색) 각 50g

바늘   모사용 코바늘 6/0호 1개, 8/0호 1개

기타 준비물   가위, 돗바늘, 손뜨개용 가죽 가방 DIY 세트 1개, 8mm

여밈용 솔트리지 1개, 일자드라이버

난이도   ◆◆

• 사슬코를 잡아 원형으로 밑에서 위로 떠 올라가는 방식이다.
• 뜨개 조직을 뜬 후 가죽 DIY 세트에 꿰매어 완성한다.

사슬 ← 사슬뜨기 | 짧C ← 짧은뜨기 | 변이 ← 변형 짧은 이랑뜨기 |
빼이← 빼뜨기 이랑뜨기

HOW TO MAKE

갈색 크로스백

모사용 코바늘 6/0호를 사용하여 청록색(008번) 실로 사슬코 88코를 뜬 후 첫코에 빼뜨기를 해 원형으로 만든다.

1단   기둥코 1, 짧C 88, 빼뜨기로 연결.

2단부터는 165쪽 '배색 크로스백 본판(무늬뜨기)' 도안을 참조하여 청록색 실(이하 A)과 진노란색(013번) 실(이하 B)을 배색한다.

1~26단은 모두 '변형 짧은 이랑뜨기'로 뜬다.

2단   기둥코 1, (B 1, A 1, B 1, A 5)×11, 빼뜨기로 연결.

3단   기둥코 1, (A 1, B 1, A 1, B 1, A 4)×11, 빼뜨기로 연결.

4~5단   2~3단 1회 반복.

6단   기둥코 1, (B 4, A 1, B 1, A 1, B 1)×11, 빼뜨기로 연결.

7단   기둥코 1, (B 5, A 1, B 1, A 1)×11, 빼뜨기로 연결.

8~9단   6~7단 1회 반복.

10~17단   2~9단 1회 반복.

18~21단   2~5단 1회 반복.

22단   6단 1회 반복.

23단   기둥코 1, 사슬 3, B 1, (B 1, A 1, B 1, A 1, B 4)×5, 사슬 3, A 1, (B 5, A 1, B 1, A 1)×5, 빼뜨기로 연결.

24~25단   6~7단 1회 반복.

26단   A 88, 빼뜨기로 연결.

27단   빼이 A 88, 빼뜨기로 연결.

실을 10cm 정도 남기고 자른다.

변형 짧은 이랑뜨기(→변이)로 반듯하게 배색하기

코바늘로 원통형을 뜨면 한쪽 방향으로만 뜨기가 계속되어 무늬가 기울어지는 경향이 생긴다. 이런 문제 없이 무늬가 똑바로 나오도록 뜨는 방법이다.

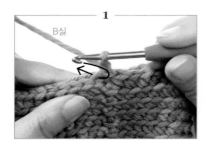

B실(본문에서 진노란색/연갈색 실)로 기둥코 1코를 뜨고 화살표 방향으로 바늘을 넣는다.

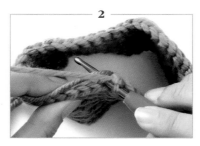

바늘을 넣은 모습.

실을 감지 않고 그대로 바늘에 걸어 화살표 방향으로 빼낸다.

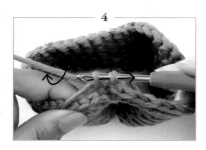

실을 빼낸 모습. 이번에는 바늘에 실을 감아 화살표 방향으로 빼낸다.

실을 빼낸 모습. 여기까지가 '변형 짧은 이랑뜨기' 1코이다. 계속해서 화살표 방향으로 바늘을 넣는다.

실을 감지 않고 그대로 실을 걸어 빼낸다.

실을 빼낸 모습. 이번에는 바늘에 실을 감아 화살표 방향으로 빼낸다.

실을 빼낸 모습. 여기까지가 변형 짧은 이랑뜨기 2코이다. 같은 방법으로 2코를 더 뜬다.

2코를 더 뜬 모습. 이어 화살표 방향으로 바늘을 넣는다.

10

바늘을 넣은 모습.

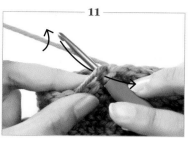

11

실을 감지 않고 그대로 바늘에 걸어 화살표 방향으로 빼낸다.

12

실을 빼낸 모습.

13

A실(본문에서 청록색/진회색 실)을 바늘에 감아 화살표 방향으로 빼낸다.

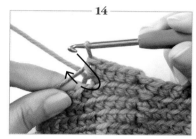

14

실을 빼낸 모습. 화살표 방향으로 바늘을 넣는다.

15

바늘을 넣은 모습.

16

실을 감지 않고 그대로 바늘에 걸어 화살표 방향으로 빼낸다.

17

실을 빼낸 모습.

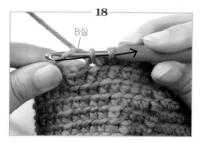

18

B실(본문에서 진노란색/연갈색 실)을 바늘에 감아 화살표 방향으로 빼낸다.

19

실을 빼낸 모습. 같은 방법으로 배색 도안을 보면서 반복한다.

20

완성한 모습.

갈색 백 마무리

1 떠 놓은 뜨개 조직을 가방 틀에 맞춰 바늘로 홈질하여 연결한다(가방 DIY 세트에 가죽 전용실과 바늘이 포함되어 있다). 이때 뜨개 조직과 가방 틀의 바늘구멍(타공 부분)을 잘 맞추고, 일정한 간격과 장력으로 바느질한다.
2 뜨개 조직에 남겨놓았던 실을 돗바늘에 꿰어 안쪽에서 테두리를 따라 서너 땀 꿰매고, 남은 실은 짧게 잘라 정리한다.
3 여밈용 솔트리지는 가방 안쪽 사진과 171쪽 '오링 솔트리지 달기'를 참고하여 가방 뒷면 중앙에 단다.
※ 안감 달기 작업은 전문 업체에 맡겨 진행(177쪽 업체 정보 참고)한다.

코바늘에서 실 정리하기

검은색 백 마무리

1 갈색 백 설명과 도안을 참조해, 진회색(009번) 실(A)로 뜨기 시작해 진회색 실과 연갈색(002번) 실(B)을 배색하여 뜨개 조직을 완성한다.
2 갈색 백 마무리 1~2번대로 진행한다.
3 모사용 코바늘 8/0호를 사용하여 연갈색 실 2가닥으로 사슬뜨기를 하여 65~67cm 길이의 끈을 만든다(끈 양쪽에 10cm 이상 실을 남긴다).
4 '태슬 만들기' 그림과 설명을 참조하여 태슬 2개를 만든다.
5 만들어 놓은 끈을 돗바늘에 걸어 가방 위쪽에서 2단 내려온 위치에 꿴다(167쪽 그림 참조).
6 끈 양쪽 끝의 실로 태슬 머리 부분을 묶어 태슬을 달고 남은 실은 정리한다.
※ 안감 달기 작업은 전문 업체에 맡겨 진행(177쪽 업체 정보 참고)한다.

태슬 만들기

1 손가락 3개를 모은 다음 실을 22~25회 정도 감아 실타래(이하 a로 표기)를 만든다.
2 실 끝(이하 b로 표기)을 40cm 남기고 자른 후, a의 윗부분에서 1cm 내려온 지점에 b를 10바퀴 감는다.
3 a의 아랫부분에 가위를 넣어 반으로 자르고, 자른 실 중 한 가닥과 b를 묶어 태슬 머리 부분을 상투처럼 만든다.
4 묶고 남은 b를 돗바늘에 끼워 a의 윗부분(자르지 않은 실타래 위쪽 부분)에 고리를 걸듯 세 번 둘러 조인다. 10cm 정도 실을 남기고 자른다.
5 태슬이 3~4cm 정도 일정한 길이를 유지하도록 가위로 정리한다.

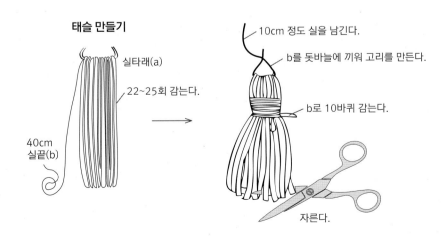

태슬 만들기

실타래(a)

22~25회 감는다.

40cm 실끝(b)

10cm 정도 실을 남긴다.

b를 돗바늘에 끼워 고리를 만든다.

b로 10바퀴 감는다.

자른다.

배색 크로스백 본판(무늬뜨기)

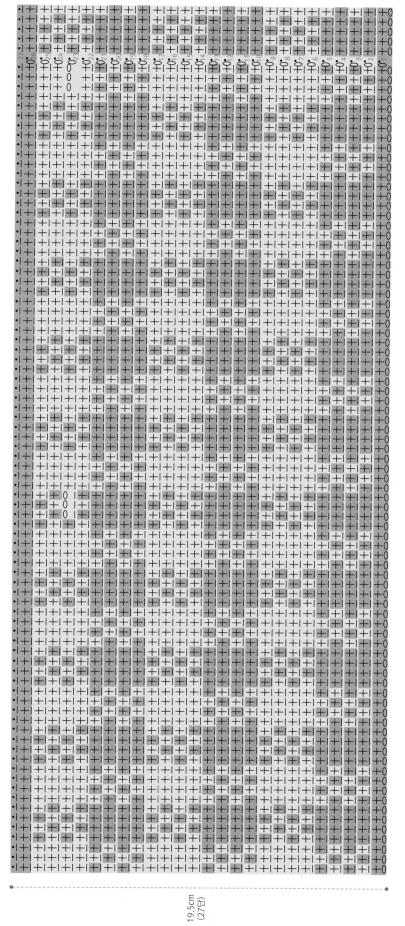

19.5cm
(27단)

55cm(88코-연형뜨기)

○ 사슬뜨기
• 빼뜨기
⊥ 빼뜨기 이랑뜨기
+ 짧은뜨기
⊥ (변형) 짧은 이랑뜨기

▨ A실(청록색/진회색)
▢ B실(진노란색/연갈색)

165

배색 크로스백

조립하기

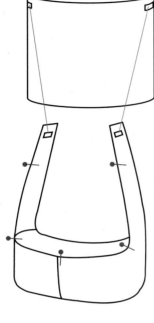

떠 놓은 뜨개 조직을
가죽 DIY 가방 틀에
잘 맞춰 안쪽으로 넣고,
표시 부분을 시침핀으로
고정한다.

가방 틀에 나 있는
바늘땀 구멍에 맞춰
뜨개 조직과 가방 틀을
홈질해 연결한다.

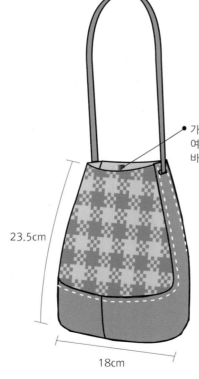

가방 뒤판 안쪽면에
여밈 솔트리지를 고정하고
바깥쪽에서 조임나사로 조인다.

23.5cm

18cm

끈 뜨기

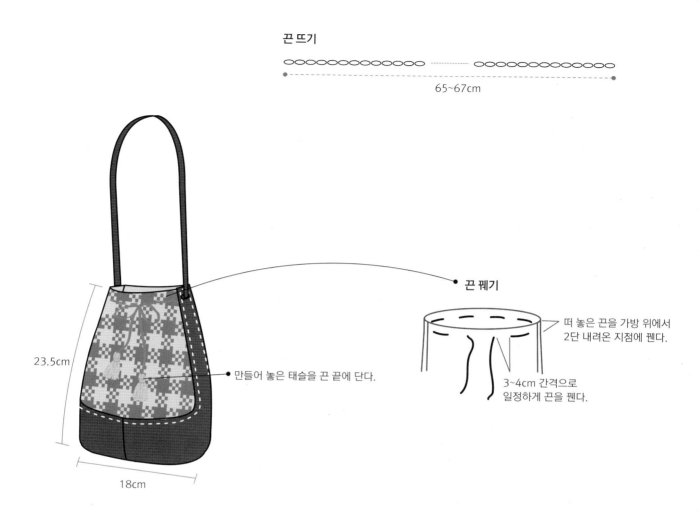

65~67cm

끈 꿰기

23.5cm

18cm

만들어 놓은 태슬을 끈 끝에 단다.

떠 놓은 끈을 가방 위에서
2단 내려온 지점에 꿴다.

3~4cm 간격으로
일정하게 끈을 꿴다.

격자무늬
클러치백

코바늘 짧은뜨기로 가방 본판을 만들고, 소재가 다른 실로 격자 모양 덮개를 만들어 포인트를
준 클러치백입니다. 보기만 해도 밍크실의 보들보들한 질감이 느껴지지요.

INFORMATION

사이즈	가로 25cm, 세로 18cm
사용한 실	리코 에센셜 메가울 트위드 청키 001번(크림색), 니트 채널(Knit Channel) 솔리드 밍크 421804번(인디민트색) 각 100g
바늘	모사용 코바늘 6/0호 1개
기타 준비물	가위, 돗바늘, 시침핀 10개, 오링 솔트리지 2개, 핸들 1개, 십자드라이버

난이도 ◆

• 사슬코를 잡아 밑에서 위로 떠 올라가는 방식이다. 가방 덮개는 따로 떠서 붙인다.

짧C ← 짧은뜨기

HOW TO MAKE

클러치백 본판

모사용 코바늘 6/0호를 사용하여 크림색 실로 사슬뜨기 39코를 뜬다.

1단	기둥코 1, 짧C 38, 한코에 짧C 3, 짧C 37, 한코에 짧C 2(총 80코).
2~33단	매단 기둥코 없이 짧C 80.
34단	빼뜨기 80.

클러치백 덮개

A조직

모사용 코바늘 6/0호를 사용하여 인디민트색 실로 사슬뜨기 40코를 뜬다.

1단	기둥코 1, 짧C 40, 뜨개 조직을 뒤로 돌린다.
2~11단	1단을 10회 반복.

같은 방법으로 2장을 더 뜬다.

B조직

모사용 코바늘 6/0호를 사용하여 인디민트색 실로 사슬뜨기로 34코를 뜬다.

1단	기둥코 1코, 짧C 34, 뜨개 조직을 뒤로 돌린다.
2~10단	1단을 9회 반복.

같은 방법으로 3장을 더 뜬다.

덮개 조직 연결

아래 그림을 참조하여 A조직을 가로로, B조직을 세로로 놓고 격자 모양으로 엮는다(그림1). 엮어 놓은 조직을 시침핀으로 고정한다(그림2).
전체 조직에 짧은뜨기로 1단을 뜬다(그림3). 엮은 조직이 벌어지는 부분은 안쪽의 A, B조직에서 돗바늘로 한 땀씩 떠서 잡아당긴 후 매듭지어 고정한다(그림4).

마무리

1 연결해 놓은 덮개를 본판의 뒷면 위쪽에서 1.5cm 내려온 지점에 시침핀으로 고정하고 박음질로 본판에 연결한다 (171쪽 하단 그림 참조).
2 안쪽에서 실을 정리한다.
3 안감과 지퍼 작업 후 가방 양 끝에 오링 솔트리지를 단다(171쪽 '오링 솔트리지 달기' 설명과 사진 참고).
※ 안감 및 지퍼 달기는 전문 업체에 맡겨 진행(177쪽 업체 정보 참고)한다.
4 오링 솔트리지에 핸들을 건다. 핸들을 다른 종류로 달면 토트백이나 크로스백으로 다양하게 활용할 수 있다.

덮개 조직 연결

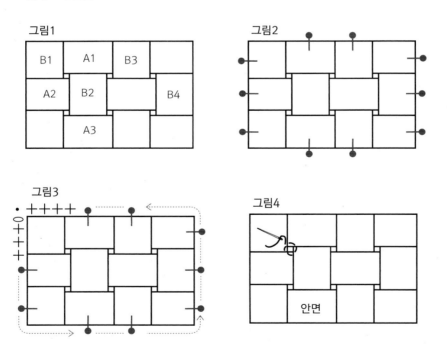

오링 솔트리지 달기

오링 솔트리지를 달 위치에 송곳으로 구멍을 내어 넓히고, 십자 나사를 안쪽에서 겉쪽으로 끼운다.

오링 솔트리지를 겉쪽에서 나사 위치에 맞춘다.

빠지지 않게 손으로 잡고 안쪽 나사를 십자 드라이버로 조인다.

오링 솔트리지를 단 모습.

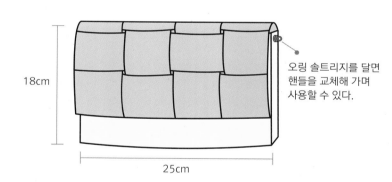

18cm

25cm

오링 솔트리지를 달면 핸들을 교체해 가며 사용할 수 있다.

본판과 덮개 연결

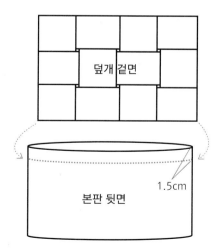

덮개 겉면

본판 뒷면

1.5cm

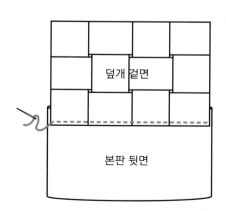

덮개 겉면

본판 뒷면

격자무늬 클러치백

클러치백 본판

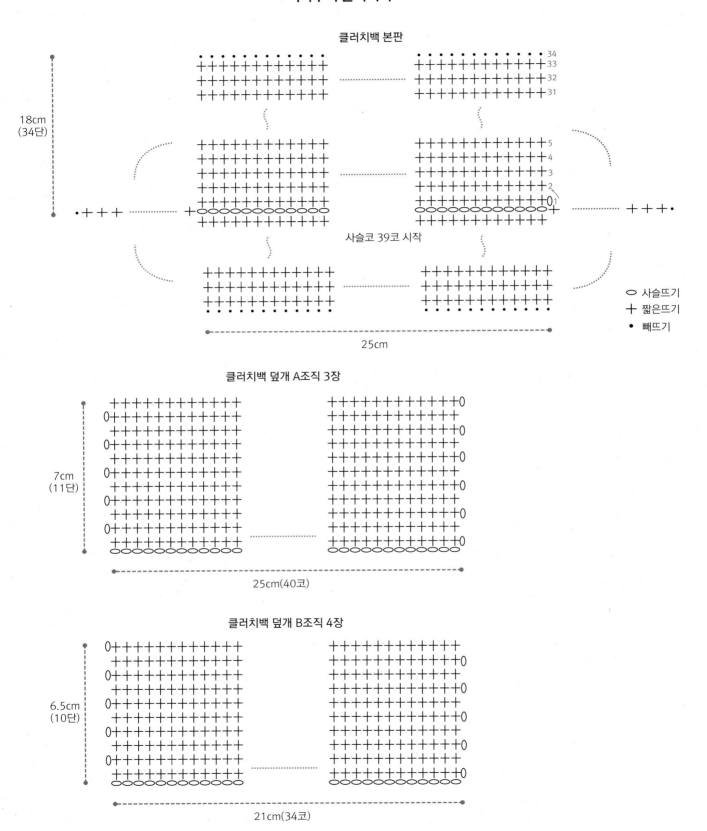

18cm
(34단)

25cm

사슬코 39코 시작

○ 사슬뜨기
+ 짧은뜨기
● 빼뜨기

클러치백 덮개 A조직 3장

7cm
(11단)

25cm(40코)

클러치백 덮개 B조직 4장

6.5cm
(10단)

21cm(34코)

BASICS

COCOLILLY
RETRO
KNIT

일러두기

1 주요 기법은 만드는 법 지면에 별도 수록

작품별로 좀 더 자세한 설명이 필요한 기법은 뜨는 과정에서 바로 확인할 수 있도록 각 작품의 '만드는 법' 지면에 사진과 설명으로 소개해 두었습니다. QR 코드를 찍으면 동영상으로도 확인할 수 있습니다. 그 외 기초 기법이나 일반적인 기법은 182쪽 '대바늘 뜨기 기법'과 192쪽 '코바늘 뜨기 기법'에 정리했습니다.

2 게이지를 내야 실패를 줄일 수 있다

이 책의 의류나 소품에는 게이지가 표기되어 있습니다. 그러나 이 게이지는 참고용일 뿐, 직접 게이지를 내보고 시작하시길 권합니다. 게이지란 가로, 세로 10cm 안에 들어가는 콧수와 단수를 말합니다. 느슨하게 뜨는지, 잡아당기며 뜨는지, 습관 또는 손의 장력에 따라 게이지 수치는 다르게 나오기 때문에, 내게 딱 맞는 사이즈의 소품이나 옷을 뜨고 싶다면 반드시 직접 게이지를 내보는 것이 좋습니다.

예를 들어 게이지를 냈는데 10cm 안에 24코, 30단이 나왔다면, 1cm 안에는 2.4코, 3단이 들어가겠죠? 작업할 옷의 완성 사이즈가 가로 30cm, 세로 30cm라면? 가로 시작 콧수는 30cm×2.4코=72코, 여기에서 꿰매어 들어가는 시접이 있다면 시접 코 2코를 더해서 시작 콧수는 74코가 됩니다. 세로 단수는 30cm×3단=90단을 뜨면 되는 거죠.

코바늘로 만드는 가방이나 모자의 경우에는 굳이 게이지를 낼 필요가 없습니다. 코를 잡은 다음 사이즈보다 작다면 코를 좀 더 잡고, 도안대로 단을 다 떴는데 모자랄 경우 단을 좀 더 뜨면 되거든요.

콧수와 단수를 늘리지 않고 바늘을 바꿔서 크기를 맞추는 방법도 있습니다. 도안대로 콧수를 잡았는데 크게 나온다면, 기준 바늘보다 한 사이즈 작은 바늘로 바꿔 보세요. 반대의 경우라면 한 사이즈 큰 바늘로 바꿔 보시구요.

3 용도에 맞는 실인지 확인한다

예전에 비해 요즘은 실이 많이 다양해졌어요. 메리노 실, 알파카 실, 모헤어 실, 면 혼방사, 울 혼방사 등등 떠보고 싶은 실들이 너무나 많죠. 색감 좋은 실도 많아서 고르기가 힘들 정도예요.

실을 고를 때 가장 먼저 고려할 사항은 '용도'입니다.

예를 들어 가방을 뜨고 싶다면, 단단하고 힘이 있는 실을 선택해야 가방의 모양을 잘 잡을 수 있어요. 가방이나 소품에 포인트를 줄 만한 실로 페이크퍼 실도 있고요.

의류를 뜰 때에는 되도록 가벼우면서 따뜻한 실을 사용하는 것이 좋습니다. 100% 양모는 좀 무겁기 때문에 혼방사도 많이 사용해요.

색상이나 무늬 등에 자신만의 개성을 불어넣는 방법으로 그러데이션 실을 쓰거나 여러 실을 합사하는 선택도 해볼 만합니다. 하지만 넓게 보아선, 실의 선택에 고정된 정답은 없는 것 같습니다. 실의 종류에 관심을 가지고 직접 떠보면서 취향을 찾는 것도 좋은 방법이라고 생각합니다.

4 실의 굵기에 맞는 바늘을 선택한다

대바늘은 크게 줄바늘, 막대 바늘로 나눌 수 있고요. 일반적으로 줄바늘을 많이 쓴답니다.

요즘은 분리형 줄과 바늘로 구성된 제품을 많이 쓰는데요. 큰 사이즈의 뜨개 조직을 작업할 때는 긴 줄을 조립해서 사용하고, 모자 같은 원형을 작업할 때는 짧은 사이즈의 바늘과 짧은 줄을 사용해요. 용도에 따라 조립을 해서 사용할 수 있는 게 장점입니다.

코바늘의 종류도 다양한데요. 양쪽으로 사용할 수 있는 코바늘, 실리콘 손잡이가 달린 바늘, 플라스틱 바늘 등 다양한 형태가 있습니다. 이 가운데 본인의 손에 잘 맞는, 쓰기 좋은 바늘을 선택하시면 됩니다. 브랜드는 주로 튤립, 클로바 코바늘이 유명해요.

소품을 뜰 때는 모사용 코바늘 3/0호나 5/0호가 흔히 쓰이는데 실이 굵을수록 높은 호수의 바늘(모사용 6/0~10/0호)을 사용합니다.

굵기에 따른 실의 명칭	가닥 수	사용 대바늘	사용 코바늘
극세사, 세사(2ply)	1사(2ply)	1.5~2mm	레이스용 0~2호
준세사(4ply)	4합사(4ply)	2.5~3mm	모사용 2/0~3/0호
중세사(DK)	8합사(8ply)	3.5~4.5mm	모사용 5/0~6/0호
준태사, 태사(Aran)	10합사(10ply)	5~5.5mm	모사용 6/0~7/0호
극태사(Chunky)	12합사(12ply) 이상	6mm 이상	모사용 7/0~8/0호, 또는 그 이상

5 편물은 미지근한 물에서 빠르게 세탁한다

의류의 경우 양모 섬유를 함유한 실을 많이 사용하게 됩니다. 그런데 양모 섬유는 물의 온도가 높으면 줄어드는 특징이 있습니다. 원래의 형태 그대로 손질하기 위해서는 물의 온도, 세제의 선택, 세탁과 건조 모두 주의하여야 합니다.

물의 온도는 10~30℃ 정도의 미지근한 물이 적당하며, 세제는 알코올계 중성세제를 사용합니다. 요즘은 뜨개용 전용 세제도 나와 있어 편리해요.

세탁을 할 때는 손상이 생길 수 있으니 비벼 빨거나 비틀어 짜지 않아요. 또 물속에 오래 담가두면 줄어들므로 세탁과 헹굼은 가능한 한 신속하게 마치도록 합니다. 세탁 후 물기를 어느 정도 빼고 마른 수건으로 눌러 남아 있는 물기를 제거한 다음, 편물 그대로의 형태로 잘 편 후 통풍이 잘 되는 그늘에서 건조합니다.

가죽 부자재 등을 사용한 가방은 세탁하기 어렵죠. 얼룩이 생겼을 때 바로 물티슈나 물수건으로 최대한 닦아내는 것이 좋습니다.

6 다림질은 낮은 온도에서 스팀으로 천천히

편물의 형태를 잘 유지하려면 스팀다리미를 쓰는 것이 좋아요. 적당한 온도와 수분으로 편물조직이 곱게 자리 잡고 펴지도록 해줍니다.

일반 다리미를 사용할 때는 편물을 뒤집어서 안쪽 면이 위로 오게 놓은 다음 면으로 된 천을 덮고 스팀 기능을 켜고 낮은 온도에서 천천히 다립니다. 이때 스팀이 편물 전체에 분사되도록 신경 쓰고, 편물이 눌리지 않도록 다리미를 살짝 띄우는 느낌으로 다림질하세요.

7 뜨개 가방 안감 제작업체

뜨개 가방에는 니트 조직이 늘어지는 걸 보완하기 위해 안감을 넣는 경우가 많습니다. 주머니나 보조 수납공간이 달린 안감을 넣으면 실용성도 훨씬 업그레이드되죠. 이 책은 뜨개질에 관한 도서이므로, 패브릭 안감 제작에 관한 내용은 소개하지 않았습니다. 그 대신 안감 전문 업체 정보를 드리고자 합니다(저 역시 전문 업체에 맡겨 안감 달기를 진행합니다).

뜨개 조직을 완성했거나, 가방 DIY 세트와 뜨개 조직의 연결까지 마쳤다면, 본품과 함께 준비한 가방 핸들 및 부자재를 업체에 보냅니다(택배 이용). 이때 가방 여미는 부분을 지퍼로 할지, 자석 단추로 할지도 업체와 상의해 그 장착까지 한꺼번에 의뢰할 수 있습니다. 핸들은 물론 지퍼나 자석 단추, 기타 부자재는 업체가 보유하고 있는 제품을 선택할 수도 있고, 취향에 맞는 제품을 별도 구매한 다음, 안감 제작을 의뢰할 때 같이 보낼 수도 있습니다.

서울 동대문종합시장 D동 지하상가에 가면 안감을 제작해주는 업체가 여러 곳 있습니다. 제가 주로 이용하는 곳은 '소이 홈패션(동대문종합시장 D동 지하-33호)'입니다. 전국에서 택배로 이용 가능합니다.

이밖에도 포털에서 '뜨개 가방 안감 제작업체' 등의 키워드로 검색하면 가능한 한 가까운 지역의 업체들도 찾을 수 있습니다.

8 실과 바늘, 기타 부자재 구입처

이 책에 소개한 작품의 실과 바늘, 작업 도구, 가방 재료 등은 '니트빌리지', '니뜨', '앵콜스 뜨개실', '니트 스마일' 등 비교적 규모가 큰 니트 전문 쇼핑몰이나 제가 운영 중인 스토어 'made by 코코릴리'에서 구매할 수 있습니다. 가죽 핸들만 전문으로 파는 스토어(핸들가게)도 있으니 함께 둘러보면 좋을 것 같습니다. 또한 포털에서 '뜨개용 핸들', '오링 솔트리지', '손뜨개 가죽가방 DIY 키트' 등의 키워드로 검색해 필요한 부자재를 파는 곳을 찾아 비교 구매하는 것도 괜찮습니다.

직접 방문해서 구매할 경우라면 서울 동대문종합시장 A동 지하상가를 추천합니다.

니트빌리지 www.knitvillage.com
니트 스마일(니트 채널) smartstore.naver.com/knitsmile
made by 코코릴리 smartstore.naver.com/knit-cocolilly
니뜨 www.knitt.co.kr
앵콜스 뜨개실 www.ancalls.com
핸들가게 smartstore.naver.com/handlestore

이 책의 내용에 대해 추후 업데이트가 필요한 경우, 저자 블로그(blog.naver.com/jdudrud)를 통해 공지 예정입니다. 큐알로도 확인할 수 있습니다.

이 책에 사용한 실

1 리코(Rico) 크리에이티브 멜란지 청키(Creative Melange Chunky)

버진 울 53%, 아크릴 47%의 모 혼방사입니다. 색체의 아름다운 변주를 보여주는, 굵은 그러데이션 실이에요. 목도리, 소품 등에 적합합니다.

2 리코(Rico) 크리에이티브 소프트울 아란(Creative Soft Wool Aran)

아크릴 75%, 울 25%의 혼방사입니다. 매끈하고 가벼워 큰 작품을 떠도 부담이 없고 아이 옷을 뜨기에도 좋습니다.

3 리코(Rico) 패션 다이아몬도(Fashion Daiyamondo)

아크릴 35%, 나일론 30%, 울 30%, 메탈릭 5%의 혼방사입니다. 포근한 감촉에 반짝임이 포인트로, 의류, 소품 등에 두루 어울립니다.

4 랑(Lang) 야볼(Jawoll)

버진 울 75%, 나일론 25%의 모사입니다. 양말 전용실로 나왔지만, 모헤어 실과 합사해 다른 소품을 뜨기에도 좋습니다.

5 랑(Lang) 레이스(Lace)

모헤어 58%, 실크 42%의 모헤어 실로, 가는 모사와 합사하면 따뜻하고 폭신폭신한 느낌을 더 잘 살릴 수 있습니다.

6,7 랑(Lang) 노베나(Novena) / 노베나 컬러(Novena Color)

버진 울 50%, 알파카 30%, 나일론 20%의 모 혼방사로 부드럽고 가볍고 따뜻합니다. 색상이 선명하고 다양해 배색할 때 제 역할을 톡톡히 합니다. '노베나'는 단색, '노베나 컬러'는 그러데이션 색입니다.

8 랑(Lang) 크리스(Kris)

울 85%, 나일론 12%, 스판 3%의 체인 구조 실로 풍성한 느낌과 탄성을 지녔으며 유니크한 소품이나 의류를 뜨기에 좋아요.

9 랑(Lang) 울어딕츠 리스펙트(Wooladdicts Respect)

울 42%, 알파카 30%, 나일론 28%의 모사입니다. 알파카가 섞인 체인 구조의 실로 푹신하고 따뜻합니다.

10 랑(Lang) 말로 라이트 컬러(Malou Light Color)

알파카 72%, 나일론 16%, 울 12%의 모사로, 가볍고 부드럽습니다. '랑 말로 라이트'는 단색 실, '랑 말로 라이트 컬러'는 그러데이션 실입니다.

11 샤헨마이어(Schachenmayr) 메리노 엑스트라파인 120(Merino Extrafine 120)

메리노 울 100%로 의류 등을 뜰 때 인기가 높은 실입니다. 부드럽고 포근하며, 세탁해도 변형이 적고 관리가 편합니다.

12 랑(Lang) 네온(Neon)

폴리에스테르 67%, 버진 울 33%의 혼방사로 페트병 등을 재활용해 만든 실입니다. 특유의 형광 색상이 트렌디하고 스포티한 룩에 어울립니다.

13 랑(Lang) 티에라(Tierra)

울 45%, 아크릴 37%, 나일론 18%의 혼방사로 의류부터 소품까지 폭넓게 사용할 수 있습니다.

14 리코(Rico) 에센셜 메가울 트위드 청키(Essentials Mega Wool Tweed Chunky)

울 53%, 아크릴 40%, 비스코스 5%의 모 혼방사입니다. 트위드 느낌을 낼 수 있는 빈티지한 실로, 소품류에 활용하기 좋습니다.

15 리코(Rico) 에센셜 메가울 청키(Essentials Mega Wool Chunky)

버진 울 55%, 아크릴 45%의 모 혼방사입니다. 매끈하고 가볍고 쨍한 색상을 지녔습니다.

16 랑(Lang) 스노플레이크(Snowflake)

면 47%, 알파카 42%, 나일론 7%, 울 4%의 그러데이션 실로 도톰하고 부드럽습니다.

17 샤헨마이어(Schachenmayr) 레기아 메리노 야크(Regia Merino Yak)

울 58%, 폴리아미드 28%, 야크 14%의 모 혼방사입니다. 단색 같지만 두 가지 색이 섞인 멜란지 느낌의 실이에요.

18 니트채널(Knit Channel) 솔리드 밍크(Solid Mink)

니트채널(구 청송모사)의 인조퍼(폴리아미드 80%, 폴리에스테르 20%) 실입니다. 소품류는 물론 스웨터나 아우터를 뜨기에도 좋아요.

19 리코(Rico) 패션 모던 트위드 아란(Fashion Modern Tweed Aran)

울 60%, 폴리아미드 20%, 비스코스 20%의 혼방사입니다. 폭신한 느낌의 트위드 실이에요.

20 샤헨마이어(Schachenmayr) 레기아 알파카 소프트(Regia Alpaca Soft)

울 62%, 폴리아미드 23%, 알파카 15%로, 기모 느낌의 따뜻한 실이에요.

기본 도구와 부자재

기본 도구

1 막대바늘 대바늘 뜨개를 할 때 쓰는 바늘은 가운데가 줄로 이어진 '줄바늘'과 젓가락처럼 딱딱한 형태의 막대바늘, 장갑바늘 등이 있습니다. 통칭하면 모두 '대바늘'이지요. 이렇게 뒤가 막혀 있는 대바늘은 '막대바늘'이라고 합니다.

2 장갑바늘 대바늘 중에서 이렇게 양 끝이 다 뾰족한 바늘 형태인 것을 '장갑바늘'이라고도 부릅니다. 양말이나 장갑 등을 원형으로 뜰 때 4개 한 세트로 사용합니다.

3 조립식 줄바늘 줄바늘의 한 종류로, 줄과 바늘이 분리되는 형태입니다. 줄의 길이도 다양해서, 뜨다가 편물에 맞게 줄만 교체할 수 있습니다.

4 일체형 줄바늘 줄바늘의 한 종류로, 바늘과 줄이 일체형입니다.

5 코바늘 코바늘은 레이스용과 모사용 두 종류가 있습니다. 패션 소품을 뜰 때는 모사용 5/0호 이상의 바늘을 많이 사용합니다. 손잡이 모양은 잡아봐서 편한 것으로 고르면 됩니다.

6 가위 실을 자를 때 사용합니다. 섬세한 작업을 위해 작고 끝이 뾰족한 것으로 고릅니다.

7 바늘 굵기 체크 자 구멍에 대바늘을 끼워 바늘 굵기를 확인할 수 있습니다.

8 게이지 자 가로, 세로 10cm 안에 들어가는 콧수와 단수를 셀 수 있습니다.

9 재봉실 바느질 실이라고도 합니다. 단추나 지퍼를 달 때 사용합니다.

10 폼폼 메이커 털방울을 만드는 도구입니다.

11 콧수 표시 링 콧수를 나누어 표시할 때 코와 코 사이에 걸어 사용합니다.

12 재봉 바늘 바느질용 바늘로, 단추나 지퍼를 달 때 재봉실과 함께 사용합니다.

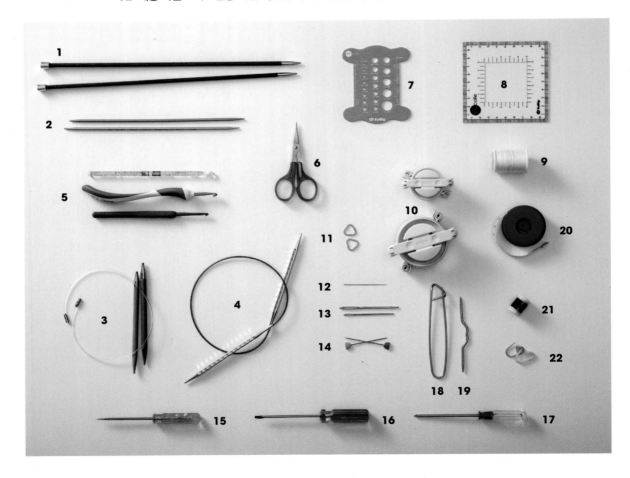

13 돗바늘 뜨개판을 꿰매어 연결할 때나 마무리 실 끝을 정리할 때 사용합니다. 가는 돗바늘은 핸들이나 부자재를 꿰맬 때도 씁니다. 실의 굵기에 따라 바늘의 크기를 선택하세요.

14 시침핀 뜨개판을 연결할 때 위치를 표시하고, 고정하기 위해 사용합니다.

15 송곳 가방에 솔트리지 등을 달기 위해 뜨개판에 구멍을 낼 때 사용합니다.

16 일자 드라이버 가방에 솔트리지 등을 달기 위해 나사를 고정할 때 사용합니다.

17 십자 드라이버 가방에 솔트리지 등을 달기 위해 나사를 고정할 때 사용합니다.

18 안전핀 쉼코나 어깨코를 빼둘 때 사용합니다.

19 꽈배기 바늘 교차뜨기를 할 때 사용합니다.

20 줄자 작품 사이즈를 잴 때 사용합니다.

21 단수 표시기 단수 기록계라고도 부릅니다. 헷갈리지 않게 단수를 기록할 수 있습니다.

22 마커 늘림, 시작, 끝 등의 위치를 표시할 때나 코를 나누어 표시할 때 사용합니다.

부자재

1 가죽 핸들 뜨개 가방에 필요한 가죽 핸들로 시중에서 구매할 수 있습니다. 토트백용, 숄더백용, 크로스백용 등 다양한 종류가 있으니 편물이나 취향에 맞춰 선택하면 됩니다.

2 고리형 솔트리지 끈을 달 위치에 고정하면 스트랩이나 핸들을 고리에 걸 수 있습니다.

3 장식 나사 가죽 끈을 가방에 달 때 고정하기 위한 부속입니다.

4 여밈용 솔트리지 단추처럼 가방을 여밀 수 있게 해주는 부속입니다.

5 단추 단추로 여미는 조끼나 넥워머 등에 쓰입니다.

6 장식용 참 '가방 참 장식'이라고도 합니다. 가방에 다는 장식용 액세서리의 하나입니다.

7 지퍼 지퍼가 필요한 가방이나 의류에 쓰입니다.

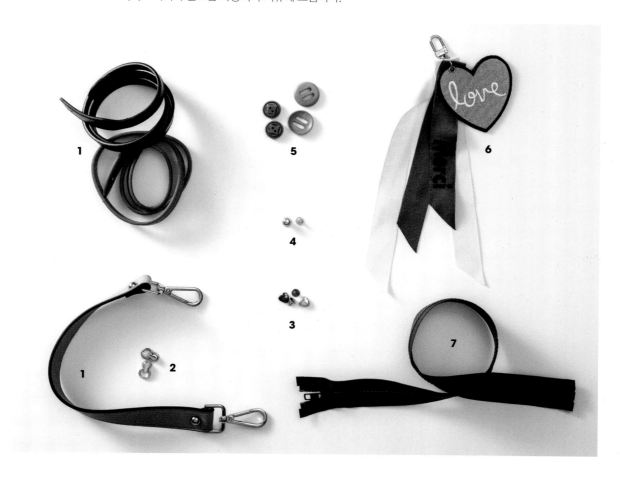

대바늘 뜨기 기법

일반코잡기

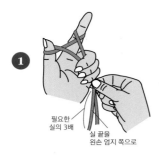

① 필요한 실의 3배 정도 길이로 넉넉하게 실 끝을 빼놓고 왼손 엄지와 검지에 실을 건다. 이때 실 끝부분은 왼손 엄지 쪽으로 둔다.

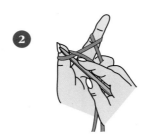

② 엄지 아래쪽으로 바늘을 넣는다.

③ 검지에 걸려 있는 실을 가져온다.

④ 엄지의 실 사이로 가져온 실을 빼낸다.

⑤ 1코를 만든 상태.

⑥ 실을 당겨서 코가 느슨하지 않게 만든다.

⑦ 화살표 방향으로 바늘을 넣는다.

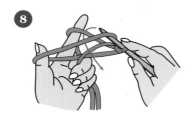

⑧ 검지 쪽의 실을 걸어 화살표 방향으로 빼낸다.

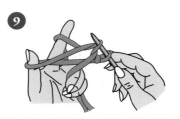

⑨ 실을 빼낸 다음 엄지와 검지로 실을 당긴다.

⑩ 엄지를 화살표 방향으로 넣어 실을 건다.

⑪ 검지에도 실을 걸고 2~6번까지 원하는 콧수만큼 반복한다.

겉뜨기(→겉) $\boxed{\text{I}}$

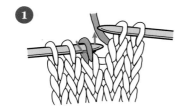

①

화살표 방향으로 바늘을 넣는다.

②

바늘 바깥쪽에서 안쪽으로 실을 감아 화살표 방향으로 빼낸다.

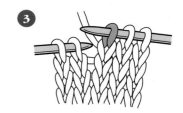

③

완성한 모습.

안뜨기(→안) $\boxed{-}$

①

화살표 방향으로 바늘을 넣는다.

②

바늘 바깥쪽에서 안쪽으로 실을 감아 화살표 방향으로 빼낸다.

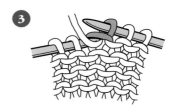

③

완성한 모습.

메리야스뜨기

한 단은 겉뜨기로 뜨고, 다음 단은 안뜨기로 뜬다. 겉뜨기 한 단과 안뜨기 한 단을 뜨면 메리야스뜨기 2단이 된다. 계속 반복하여 메리야스뜨기를 완성한다.

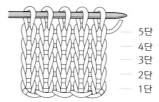

— 5단
— 4단
— 3단
— 2단
— 1단

겉메리야스는 뜨개 조직의 겉면에서 본 메리야스조직을 말한다. 이때는 겉뜨기로 뜬다.

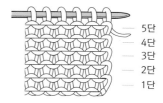

— 5단
— 4단
— 3단
— 2단
— 1단

안메리야스는 뜨개 조직의 안쪽 면에서 본 메리야스조직이다. 이때는 안뜨기로 뜬다.

가터뜨기

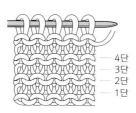

— 4단
— 3단
— 2단
— 1단

모든 단을 겉뜨기로 뜨거나, 안뜨기로 뜬다. 한 가지의 기법으로 계속 뜬다.
겉뜨기 2단 = 가터뜨기 1줄

겉뜨기로 걸러뜨기(→겉S) $\boxed{\text{V}}$

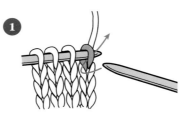

①

왼쪽 바늘에 걸려있는 첫코를 뜨지 않고, 겉뜨기 방향으로 빼내어 오른쪽 바늘로 옮긴다.

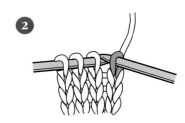

②

코를 옮긴 모습.

안뜨기로 걸러뜨기(→안S)

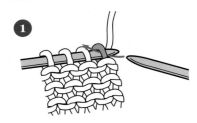

왼쪽 바늘에 걸려있는 첫코를 뜨지 않고, 안뜨기 방향으로 빼내어 오른쪽 바늘로 옮긴다.

코를 옮긴 모습.

겉뜨기로 코막음(겉뜨기로 덮어씌워 코막음)

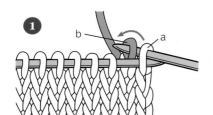

겉뜨기로 2코(a, b)를 뜬 후, 왼쪽 바늘로 a 코를 b코 위로 덮어씌운다.

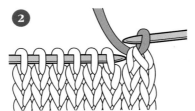

1코를 덮어씌운 모습.

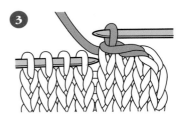

1코씩 뜨면서 덮어씌우기를 반복한다.

안뜨기로 코막음(안뜨기로 덮어씌워 코막음)

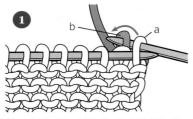

안뜨기로 2코(a, b)를 뜬 후, 왼쪽 바늘로 a 코를 b코 위로 덮어씌운다.

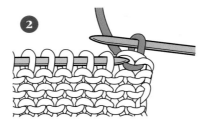

1코를 덮어씌운 모습.

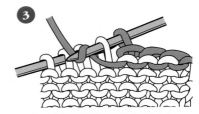

1코씩 뜨면서 덮어씌우기를 반복한다.

오른코 늘리기(→오L)

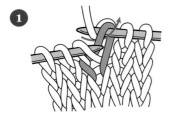

왼쪽 코의 1단 아래 코를 끌어올려 겉뜨기로 뜬다.

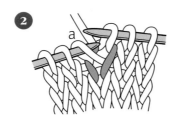

왼쪽 바늘에 걸린 다음코 a를 겉뜨기로 뜬다.

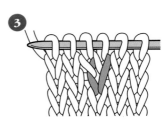

완성한 모습.

왼코 늘리기(→왼L)

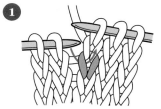

왼쪽 바늘로 오른쪽 코의 2단 아래 코를 끌어올린다.

끌어올린 코를 겉뜨기로 뜬다.

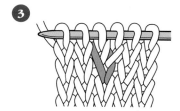

완성한 모습.

끌어올려 겉뜨기로 늘리기(→겉L)

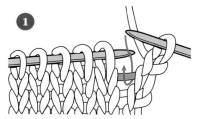

첫 코를 뜬 뒤, 오른쪽 바늘을 그림의 표시된 부분(옆실)에 화살표 방향으로 넣는다.

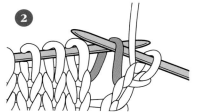

끌어올린 옆실을 왼쪽 바늘로 옮긴다.

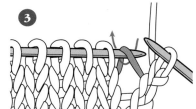

왼쪽 바늘로 옮긴 옆실에 화살표와 같이 뒤쪽 반코에 겉뜨기 방향으로 바늘을 넣는다.

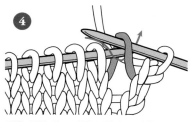

실을 걸어 겉뜨기하듯 화살표 방향으로 빼낸다.

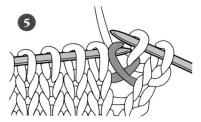

왼쪽 바늘에서 코를 빼낸다.

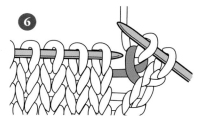

완성한 모습.

끌어올려 안뜨기로 늘리기(→안L)

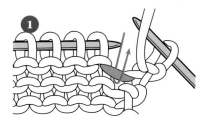

첫 코를 뜬 뒤, 오른쪽 바늘을 그림의 표시된 부분(옆실)에 화살표 방향으로 넣는다.

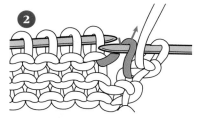

오른쪽 바늘로 끌어올린 옆실에 왼쪽 바늘을 화살표 방향으로 넣는다.

끌어올린 옆실을 왼쪽 바늘로 옮긴다.

185

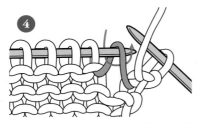
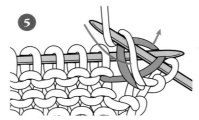
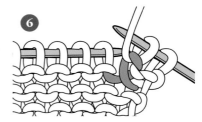

오른쪽 바늘을 뒤에서 화살표 방향으로 넣어 왼쪽 바늘 앞쪽으로 보낸다(이렇게 넣으면 한 번 꼬인 모양이 된다).

실을 걸어 안뜨기하듯 화살표 방향으로 빼낸다.

완성한 모습.

오른코 줄이기(→오D)

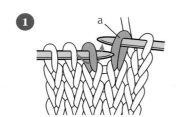
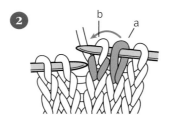
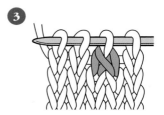

왼쪽 바늘의 1코를 뜨지 않고 오른쪽 바늘로 옮긴다(a코). 그다음 코에 화살표 방향으로 오른쪽 바늘을 넣고 겉뜨기로 뜬다(b코).

오른쪽 바늘에 옮겨뒀던 a코를 왼쪽 바늘에 걸어 b코 위로 덮어씌운다.

완성한 모습.

왼코 줄이기(→왼D)

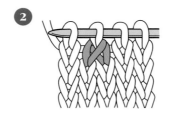

그림과 같이 겉뜨기 방향으로 2코에 한꺼번에 바늘을 넣어 겉뜨기로 뜬다.

완성한 모습.

안뜨기로 오른코 줄이기(→안오2T)

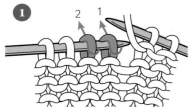
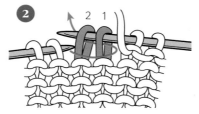
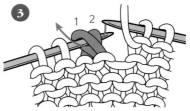

왼쪽 바늘의 1, 2번 코에 오른쪽 바늘을 화살표 방향으로 넣어 각각 옮긴다.

옮긴 코에 왼쪽 바늘을 화살표 방향으로 넣어 옮긴다.

이렇게 하면 1, 2번 코의 순서가 바뀌는데, 이 상태로 오른쪽 바늘을 화살표 방향으로 넣는다.

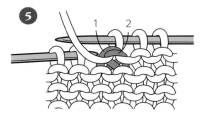

2코를 한꺼번에 안뜨기로 뜬다.

완성한 모습.

안뜨기로 왼코 줄이기(→안왼2T)

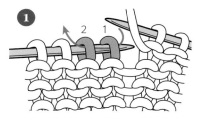

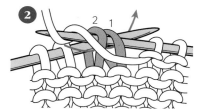

1, 2번 코에 화살표 방향으로 오른쪽 바늘을 넣는다.

오른쪽 바늘에 실을 감아 화살표 방향으로 빼낸다.

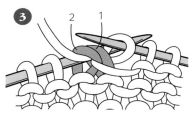

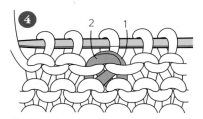

왼쪽 바늘에서 1, 2번 코를 빼낸다.

완성한 모습.

오른코 3코 모아뜨기(→오3T)

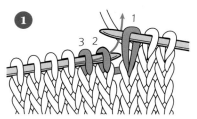

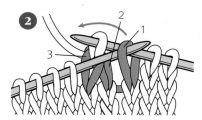

1번 코를 뜨지 않고 오른쪽 바늘로 옮기고 2, 3번 코에 화살표 방향으로 바늘을 넣어 한꺼번에 겉뜨기로 뜬다.

뜨지 않고 옮겨둔 1번 코에 왼쪽 바늘을 넣고 방금 뜬 코 위로 덮어씌운다.

완성한 모습.

바늘비우기(→바O)

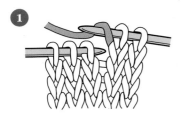

1 오른쪽 바늘의 안쪽에서 바깥쪽으로 실을 걸친다.

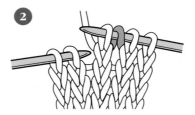

2 실을 걸친 상태로 다음 코를 겉뜨기로 뜬다.

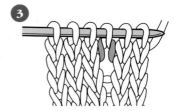

3 완성한 모습.

메리야스잇기

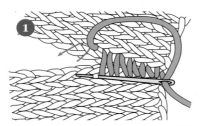

1 떠 놓은 편물 2개를 겉쪽으로 하여 나란히 놓고, 끝에서 1코 들어간 코의 옆실을 돗바늘로 한 단씩 교대로 뜨면서 잇는다.

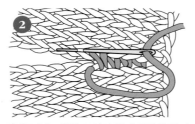

2 꿰매고 있는 실이 보이지 않게 적당히 당기며 작업한다.

덮어씌워 잇기

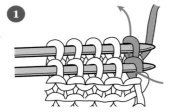

1 떠 놓은 편물 2개를 겉과 겉을 맞대어 포개고, 앞쪽 바늘의 코와 뒤쪽 바늘의 코에 한꺼번에 바늘을 넣는다.

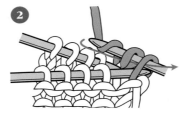

2 실을 감아서 화살표 방향으로 빼낸다.

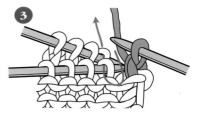

3 1~2와 같은 방법으로 다음코를 뜬다.

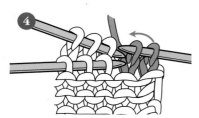

4 먼저 뜬 코를 나중에 뜬 코 위로 '덮어씌우기' 한다.

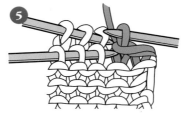

5 덮어씌운 모습. 같은 방법으로 끝까지 반복한다.

단과 코 잇기

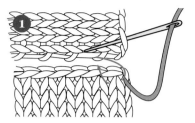

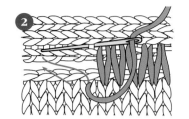

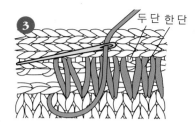

그림과 같이 편물을 놓고, 위쪽 편물 단의 시작 1코에 돗바늘을 넣은 다음, 아래 편물의 첫코 가운데로 바늘을 넣어 둘째 코 가운데로 빼낸다.

이어 위쪽 편물 첫코 안쪽의 옆실에 돗바늘을 넣은 다음 아래 편물의 둘째 코 가운데로 바늘을 넣어 셋째 코 가운데로 빼낸다. 이런 방식으로 두 편물을 이어나간다.

동일한 크기라 해도 보통 콧수보다 단수가 많으므로, 단 부분을 바늘로 뜰 때는 두 단, 한 단을 적당히 섞어 뜨며 조절한다. 꿰매고 있는 실이 보이지 않게 당기며 작업한다.

세로 단 코줍기

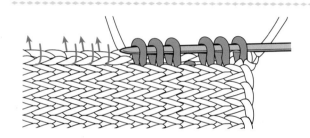

첫 번째 코와 두 번째 코 사이에 바늘을 넣어 겉뜨기하여 코를 줍는다. 이때 모든 단에서 코를 주우면 편물이 늘어날 수 있으므로 3코 줍고 한 칸 건너뛰고, 또 3코 줍고 한 칸 건너뛰는 식으로 코를 줍는다.

목둘레 코줍기

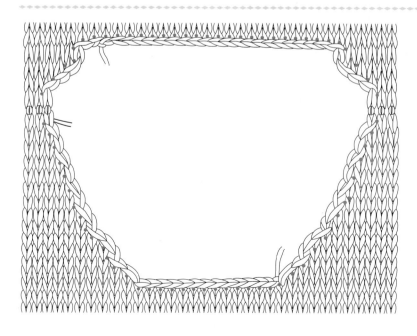

점 찍은 부분이 목둘레에서 코를 줍는 위치이다.

('목둘레 코줍기' 방법은 뒷장으로 이어짐)

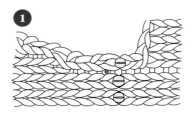

몸판의 겉면을 위로 놓고, 어깨의 이은 부분(빨간 점으로 표시한 부분)부터 코줍기를 시작한다.

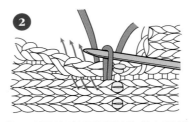

한 코 안쪽의 단 구멍마다 바늘을 넣고 겉뜨기해 코를 줍는다.

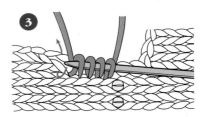

코 줄임이 있는 부분에서는 아래쪽 코 중앙 부분에 바늘을 넣어 코를 줍는다.

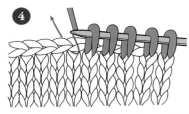

줄임이 없는 부분에서는 1코에 1코씩 줍는다.

처음 부분까지 돌아오면 코줍기가 끝난다. 좌우의 코줍기 수를 동일하게 맞춘다.

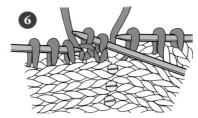

2단째부터는 도안의 뜨기 기호에 따라 원형뜨기로 뜬다.

2(겉)대2(겉) 왼코 위 교차뜨기(→22왼C)

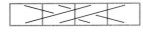

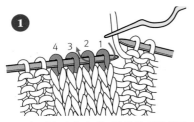

1, 2번 코를 꽈배기 바늘에 옮겨 뒤쪽으로 빼둔다.

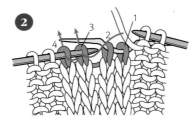

3, 4번 코를 각각 겉뜨기로 뜬다.

꽈배기 바늘에 빼놓은 1, 2번 코를 각각 겉뜨기로 뜬다.

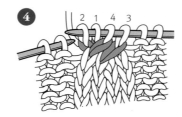

완성한 모습.

1(겉)대1(겉) 왼코 위 교차뜨기(→11왼C)

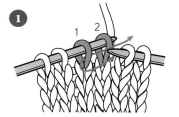

1번 코에 화살표 방향으로 바늘을 넣는다.

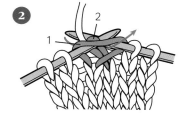

바늘에 실을 걸어 겉뜨기로 뜬다. 1, 2번 코는 왼쪽 바늘에 그대로 둔다.

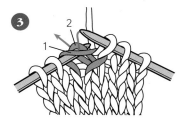

2번 코에 화살표 방향으로 바늘을 넣어 겉뜨기로 뜬다.

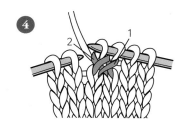

완성한 모습.

아이코드뜨기

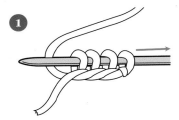

일반코잡기로 4코를 잡은 후 코를 바늘 반대편 끝 쪽으로 옮긴다.

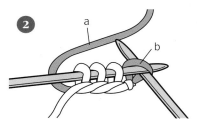

a실을 가져와 첫코 b부터 겉뜨기 4코를 뜬다.

코를 바늘 반대편 끝 쪽으로 옮긴 후 2번 과정을 반복한다. 이렇게 편물을 밀고 뜨는 과정을 반복해 완성한다.

중심 3코 모으기(→중3T)

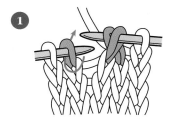

두 코를 뜨지 않고 오른쪽 바늘로 옮기고, 다음 코에 화살표 방향으로 바늘을 넣어 겉뜨기한다.

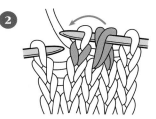

뜨지 않고 옮겨 놓았던 두 코를 한꺼번에 그 위로 덮어씌운다.

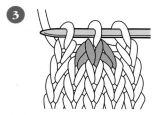

완성한 모습.

코바늘 뜨기 기법

코바늘에서 원형코잡기

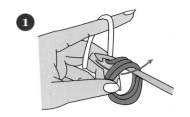

① 두 번 돌려 원형으로 만든 실 끝을 집게 손가락에 감아 쥔 다음 그림과 같이 코바늘을 걸어 화살표 방향으로 뺀다.

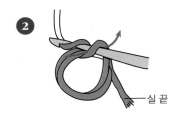

실 끝

② 다시 실을 감아 화살표 방향으로 빼낸다(빼뜨기).

실 끝

③ 화살표 방향으로 바늘을 넣어 짧은뜨기를 한다.

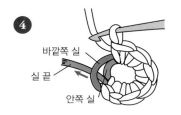

바깥쪽 실
실 끝
안쪽 실

④ 콧수에 맞춰 마지막 코 전까지 짧은뜨기를 한다. 실 끝을 적당히 잡아당기면 안쪽 실이 당겨지면서 가운데 구멍이 어느정도 오므려진다.

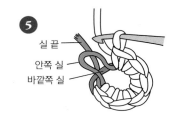

실 끝
안쪽 실
바깥쪽 실

⑤ 안쪽 실을 잡아당긴다. 그러면 바깥쪽 실이 당겨지면서 구멍이 더 좁아진다.

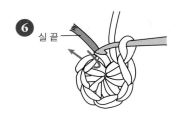

실 끝

⑥ 화살표 방향으로 바늘을 넣어 마지막 코를 뜬 후, 실 끝을 잡아당겨 완전히 조인다.

사슬뜨기(→사슬)

○

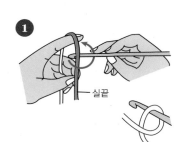

실끝

① 바늘을 화살표 방향으로 1회 돌려 실을 감는다.

실끝
엄지로 누른다

② 바늘 코에 실을 걸어서 끌어낸 다음 실 끝을 잡아당겨서 실을 조인다.

3

화살표와 같이 바늘을 움직여서 바늘에 실을 건다.

4

1코
매듭
실끝

화살표 방향으로 실을 끌어내면 1코가 완성된다. 원하는 콧수만큼 3~4번을 반복한다.

짧은뜨기(→짧C)

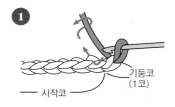

1

기둥코 (1코)
시작코

기둥코 1코를 뜨고 시작코의 첫코 뒷산에 바늘을 넣는다.

2

바늘에 실을 걸어 화살표 방향으로 빼낸다.

3

다시 실을 걸어 바늘에 걸린 2코를 한꺼번에 빼낸다.

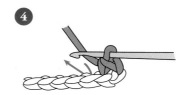

4

짧은뜨기 1코를 완성한 모습. 같은 방법으로 원하는 콧수만큼 반복한다.

193

짧은뜨기 2코 늘려뜨기(→짧ㄴ)

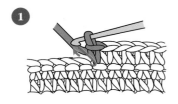

짧은뜨기 1코를 뜬 다음, 같은 자리에 화살표 방향으로 바늘을 넣어 실을 감아 뺀다.

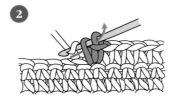

바늘에 실을 한 번 감아 2코를 한꺼번에 뜬다.

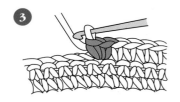

실을 빼낸 모습.

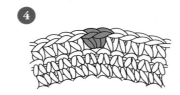

완성한 모습.

짧은 이랑뜨기(→짧이)

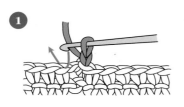

기둥코 1코를 뜬 후, 뒤쪽 반코에 화살표 방향으로 바늘을 넣어 실을 감아 뺀다(코바늘에 두 코가 만들어진 상태).

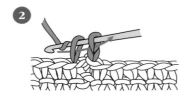

다시 실을 걸어 두 코를 한꺼번에 빼낸다.

완성한 모습.

빼뜨기

❶

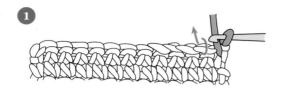

윗부분 첫코의 앞뒷산에 한꺼번에 바늘을 넣는다.

❷

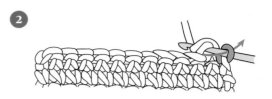

실을 걸어 화살표 방향으로 뺀다.

❸

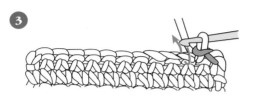

1, 2를 반복한다.

❹

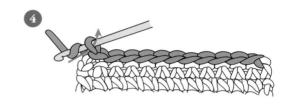

끝까지 뜬 모습.

빼뜨기 이랑뜨기(→빼이)

❶

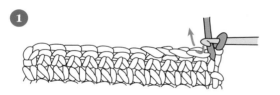

뒤쪽 반코에만 화살표 방향으로 바늘을 넣는다.

❷

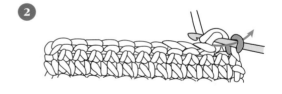

실을 걸어 화살표 방향으로 뺀다.

❸

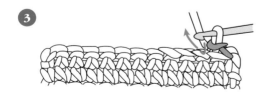

1, 2를 반복한다.

❹

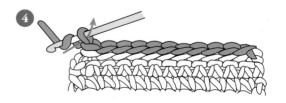

끝까지 뜬 모습.

긴뜨기(→긴C)

① 바늘에 실을 걸어 바탕코 옆(시작코 두 번째 코) 사슬 뒷산에 바늘을 넣고 한 번 더 실을 걸어 빼낸다.

② 이렇게 하면 바늘에 3코가 생기는데, 다시 바늘에 실을 걸어 3코를 한꺼번에 빼낸다.

③ 긴뜨기 한 코를 완성한 모습. 기둥코의 높이만큼 코의 길이를 유지하며 1~2를 반복한다. 긴뜨기에서는 기둥코도 한 코로 친다.

한길긴뜨기(→한긴C)

① 바늘에 실을 건 후 바탕코 옆(시작코 두 번째 코) 사슬 뒷산에 넣어 실을 걸어 뺀다.

② 바늘에 실을 건 후 바늘 끝에서 두 코만 빼낸다.

③ 실을 걸어 남은 두 코 사이로 한꺼번에 빼낸다.

④ 한길긴뜨기 한 코를 완성한 모습. 1~3을 반복한다. 긴뜨기와 마찬가지로 기둥코도 한 코로 친다.

한길긴뜨기 앞 걸어뜨기(→한긴FC)

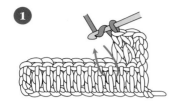

❶ 바늘에 실을 건 다음 아랫단의 한길긴뜨기 기둥에 화살표 방향으로 바늘을 넣고 다시 실을 걸어 한 코만 길게 빼낸다.

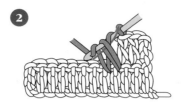

❷ 바늘에 실을 걸어 두 코만 빼낸다.

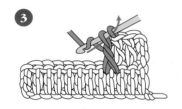

❸ 바늘에 실을 걸어 화살표 방향으로 빼낸다.

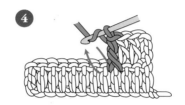

❹ 한 코를 완성한 모습. 1~3을 반복한다.

네길긴뜨기(→네긴C)

❶ 바늘에 실을 네 번 감은 다음 바탕코 옆(시작코 두 번째 코) 사슬 뒷산에 바늘을 넣고 한 번 더 실을 걸어 한 코만 빼낸다.

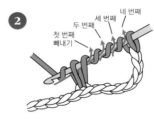

❷ 이렇게 하면 바늘에 6코가 생기는데, 다시 실을 걸어 2코씩 빼낸다.

❸ 실을 걸어 마지막 다섯 번째 코를 빼낸다.

❹ 한 코를 완성한 모습. 1~3을 반복한다. 긴 뜨기와 마찬가지로 기둥코도 한 코로 친다.

도안 읽는 법

뜨는 방법 설명 보기

— 지면의 제약상, 뜨는 방법은 대부분 약자로 표기했습니다.

24단: 겉S 1, (겉 1, 안 1)×3, 왼D 1, 겉 55, 오D 1, (안 1, 겉 1)×2, 안 1, 겉S 1, 겉 1(총 71코).
예를 들어 위와 같이 적혀있다면 뜨는 방법은 아래와 같습니다.
24단은 겉뜨기로 걸러뜨기 1코, (겉뜨기 1코, 안뜨기 1코)를 3회 반복, 왼코 줄이기 1회, 겉뜨기 55코, 오른코 줄이기 1회, (안뜨기 1코, 겉뜨기 1코)를 2회 반복, 안뜨기 1코, 겉뜨기로 걸러뜨기 1코, 겉뜨기 1코. 총 콧수는 71코.

— '총 콧수'는 주로 콧수에 변화가 있을 때만 표기해 놓았습니다. 만약 3단을 보는데 총 콧수가 적혀있지 않다면, 위쪽으로 가장 가까운 단(1단이나 2단)에 적힌 총 콧수와 같다는 뜻입니다.
— 기법 약자의 원래 명칭은 작품마다 'INFORMATION' 란에 적어 놓았습니다.

차트(모눈)도안 보기

① 편물의 너비(58cm)와 처음 시작코의 개수(73코).
②, ②' 숫자는 단수, 화살표는 뜨기의 진행 방향을 뜻합니다. 무늬의 경우 겉으로 보이는 무늬를 기호로 표기하기 때문에, 겉쪽 면에서는 차트의 기호대로, 안쪽 면에서는 기호의 반대로 떠야 합니다. 예를 들어 안쪽 면 뜨는 단에 겉뜨기 기호가 표기되어 있다면 안뜨기로 뜹니다.
③ 밑단의 길이(6cm)와 단수(11단).
④ 진동을 줄이기 전까지의 길이(25cm)와 단수(48단).
⑤ 진동에서부터 어깨까지의 길이(32cm)와 단수(60단).
⑥ 어깨 되돌아뜨기 길이(2cm)와 단수(4단).
⑦, ⑦' 어깨의 너비(12cm)와 콧수(15코).
⑧ 목둘레의 너비(21cm)와 콧수(27코).
⑨ 목둘레의 깊이(8.5cm)와 단수(16단).
⑩ 사용한 뜨개 기법과 기호.
⑪ 새로 실을 걸어 뜨는 부분을 표시. 조끼를 밑에서부터 떠 올라가는 바텀업 방식으로 뜰 경우 오른쪽 어깨까지 한 번에 뜨고, 새 실을 걸어 왼쪽 어깨를 마저 뜹니다. 이때 왼쪽 어깨를 뜨기 시작하는 부분에 '새 실 걸기'라고 표시합니다.
⑫ 마커를 거는 위치를 표시.

— 도안이 커서 책의 양면 이상에 걸친 경우, 빨간 선으로 도안이 나뉜 부분을 표시했습니다. 관련 도안의 빨간 선을 포개어 연결하면 전체 도안이 됩니다.

차트 도안의 예

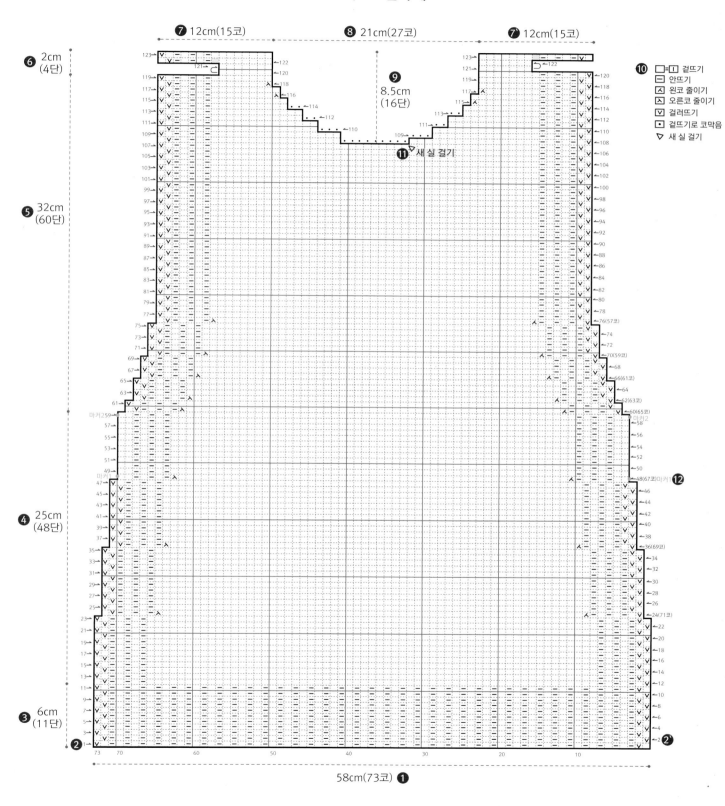

❼ 12cm(15코)　　❽ 21cm(27코)　　❼ 12cm(15코)

❻ 2cm (4단)

❺ 32cm (60단)

❾ 8.5cm (16단)

❹ 25cm (48단)

❸ 6cm (11단)

❷

❶ 58cm(73코)

⑪ 새 실 걸기

⑫

❿ □=[1] 겉뜨기
□ 안뜨기
⊠ 왼코 줄이기
⊠ 오른코 줄이기
∨ 걸러뜨기
⊡ 겉뜨기로 코막음
▽ 새 실 걸기

그림도안 보기

예시의 그림도안은 바텀업 방식으로 뜨는 조끼를 나타냅니다.

먼저 밑단부터 뜨고, 이어 몸판~진동까지 뜬 후, 진동 부분을 줄이고 목 부분을 뜹니다. 목둘레를 줄이고 양쪽 어깨를 나눕니다. 이렇게 앞판과 뒤판을 뜬 후 어깨를 연결하고 진동둘레와 목둘레를 떠서 완성합니다.

① 편물의 너비(55cm)와 처음 시작코의 개수(74코).

② 밑단의 길이(10cm)와 단수(17단).

③ 밑단의 뜨기 방법(2코 고무뜨기)과 사용 바늘의 굵기(6mm). 하단에 일부 표시해 놓은 기호는 2코 고무뜨기(겉뜨기 2코, 안뜨기 2코)의 반복을 뜻합니다.

④ 밑단 이후부터 진동 전까지의 몸판 길이(24cm)와 단수(62단).

⑤ 몸판의 뜨기 방법(가터뜨기)과 사용 바늘의 굵기(6mm).

⑥ 진동 줄임 시작인 코막음의 콧수(4코).

⑦ 진동 줄임(총 - 6코)을 나타내는 표시. 4-1-6은 단-코-횟수로, '4단에 줄이기 1코'를 6회 하라는 뜻입니다. 즉 한쪽 진동을 기준으로 할 때, 24단에 걸쳐 4단마다 1코씩 줄어든다는 뜻입니다. 여기서 주의할 것은, 진동 줄이기는 양쪽에서 같이 진행된다는 점입니다. 그래서 전체적으로 봤을 때는 4단에 2코(왼쪽 진동, 오른쪽 진동)씩 줄어드는 셈이지요. 줄임단은 겉뜨기 2코, 왼코 줄이기 1번(뜨기 기호 참고)을 하고, 몸판의 무늬인 가터뜨기를 4코 남을 때까지 진행한 후 오른코 줄이기 1번, 겉뜨기 2코(뜨기 기호 참고)를 하는 단입니다.

24단을 모두 적으면 다음과 같습니다. 가터뜨기 3단 – 첫 번째 줄임단 – 가터뜨기 3단 – 두 번째 줄임단 – 가터뜨기 3단 – 세 번째 줄임단 – 가터뜨기 3단 – 네 번째 줄임단 – 가터뜨기 3단 – 다섯 번째 줄임단 – 가터뜨기 3단 – 여섯 번째 줄임단.

⑧ 진동의 길이(25cm)와 단수(64단).

⑨ 되돌아뜨기의 길이(3cm)와 단수(8단).

⑩ 되돌아뜨기의 진행 과정을 표시. 밑에서부터 순서대로 진행합니다. 2-4-1은 '2단 뜨고 되돌아뜨기 4코'를 1회 하고, 2-3-2는 '2단 뜨고 되돌아뜨기 3코'를 2회 하고, 2-4-1은 '2단 뜨고 되돌아뜨기 4코'를 1회 하라는 뜻입니다. 되돌아뜨기 방법은 99~105쪽을 참조합니다.

⑪ 뒷목 줄임(총 - 2코)을 나타내는 표시. 2-1-2는 단-코-횟수로 '2단 뜨고 1코 줄이기'를 2회 하라는 뜻입니다. 즉 4단에 걸쳐 2단마다 1코씩 줄어든다는 뜻입니다.

⑫ 뒷목 코막음의 콧수(22코).

⑬ 어깨 너비(10cm)와 콧수(14코).

⑭ 뒷목의 너비(20cm)와 콧수(26코).

— 도안의 용어 중 '40단평', '2단평' 등은 '40(2)단을 뜨던 조직대로 뜬다'는 뜻입니다. 예를 들어 겉뜨기로만 뜨는 가터뜨기 조직의 그림 도안에서 '40단평'이라고 되어 있다면 겉뜨기로 40단을 뜨라는 얘기입니다.

그림도안의 예

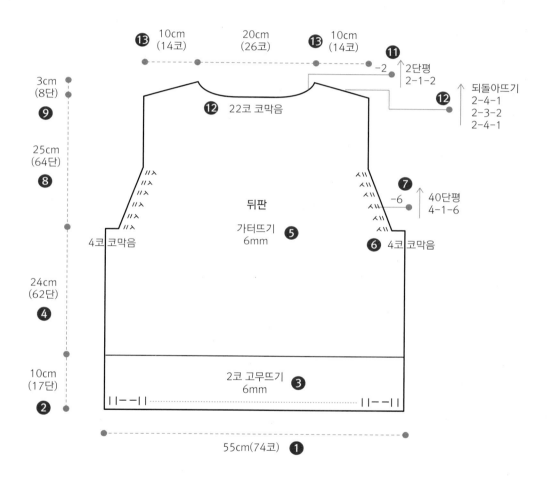

⑬ 10cm (14코)　　20cm (26코)　　**⑬** 10cm (14코)

⑪ −2 ↑2단평 2-1-2

↑되돌아뜨기 2-4-1 **⑫** 2-3-2 2-4-1

⑫ 22코 코막음

3cm (8단) **⑨**

25cm (64단) **⑧**

⑦ −6 ↑40단평 4-1-6

4코 코막음

뒤판

가터뜨기 6mm **⑤**

⑥ 4코 코막음

24cm (62단) **④**

10cm (17단) **②**

2코 고무뜨기 6mm **③**

||－|| ················· ||－||

55cm(74코) **①**

기법 설명 찾아보기

모티브 로브

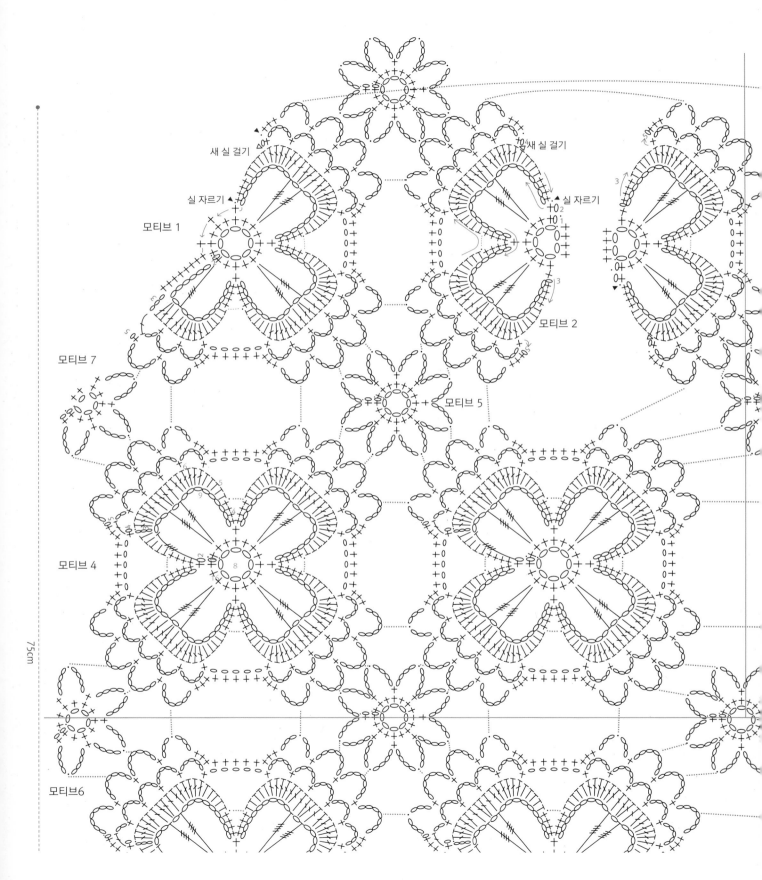

모티브 1

모티브 7

모티브 4

모티브6

새 실 걸기

실 자르기 ▲

모티브 2

모티브 5

새 실 걸기

실 자르기 ▲

75cm

모티브 2

모티브 3

실 걸기
실 걸기
실 자르기
실 자르기

○ 사슬뜨기
· 빼뜨기
+ 짧은뜨기
┬ 긴뜨기
┬ 한길긴뜨기
┼ 세길긴뜨기
╫ 내리긴뜨기
▽ 새 실 걸기
▼ 실 자르기

모티브6

75cm

106cm

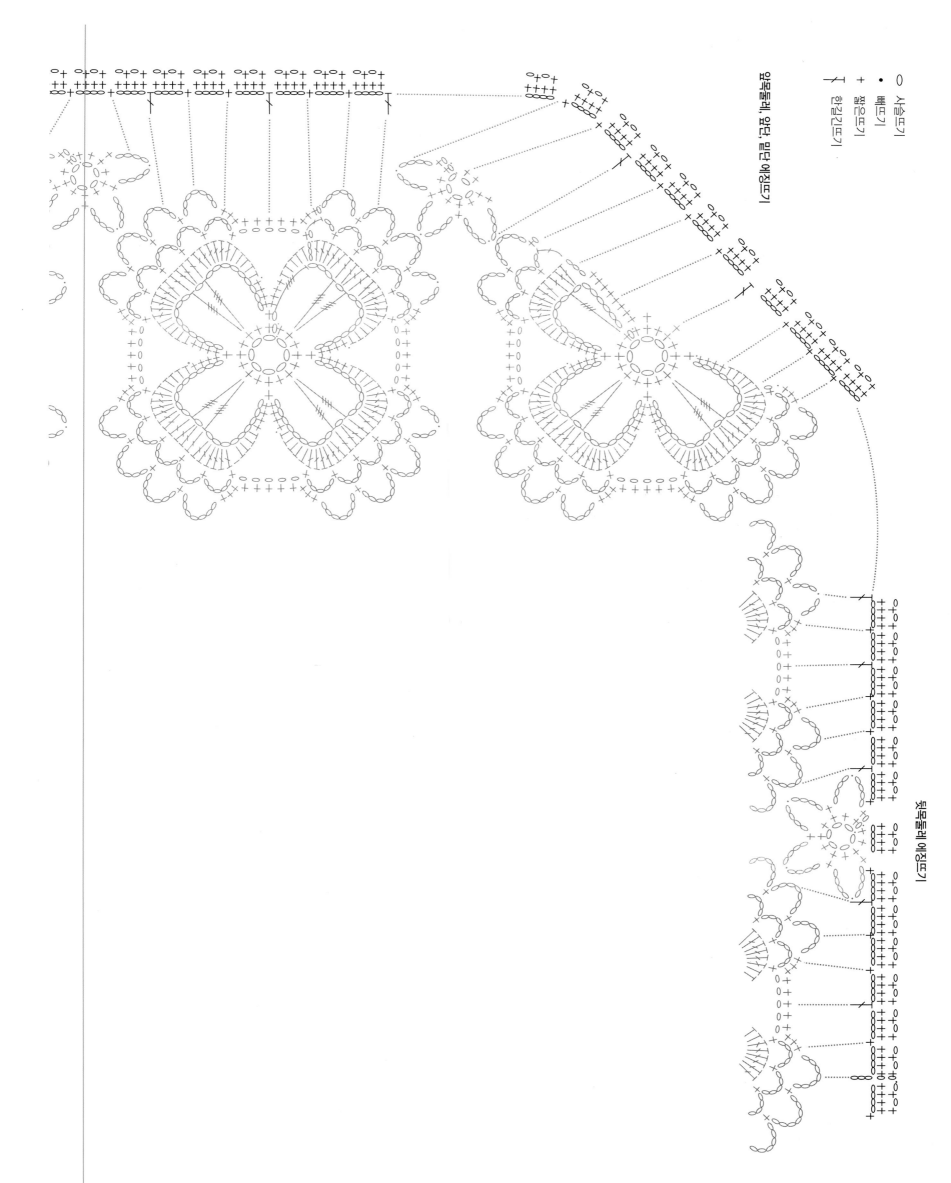

○ 사슬뜨기
● 빼뜨기
+ 짧은뜨기
⟆ 한길긴뜨기

[양쪽둘레, 앞단, 밑단 에징뜨기]

[뒷목둘레 에징뜨기]

아란무늬 판초 베스트 뒤판

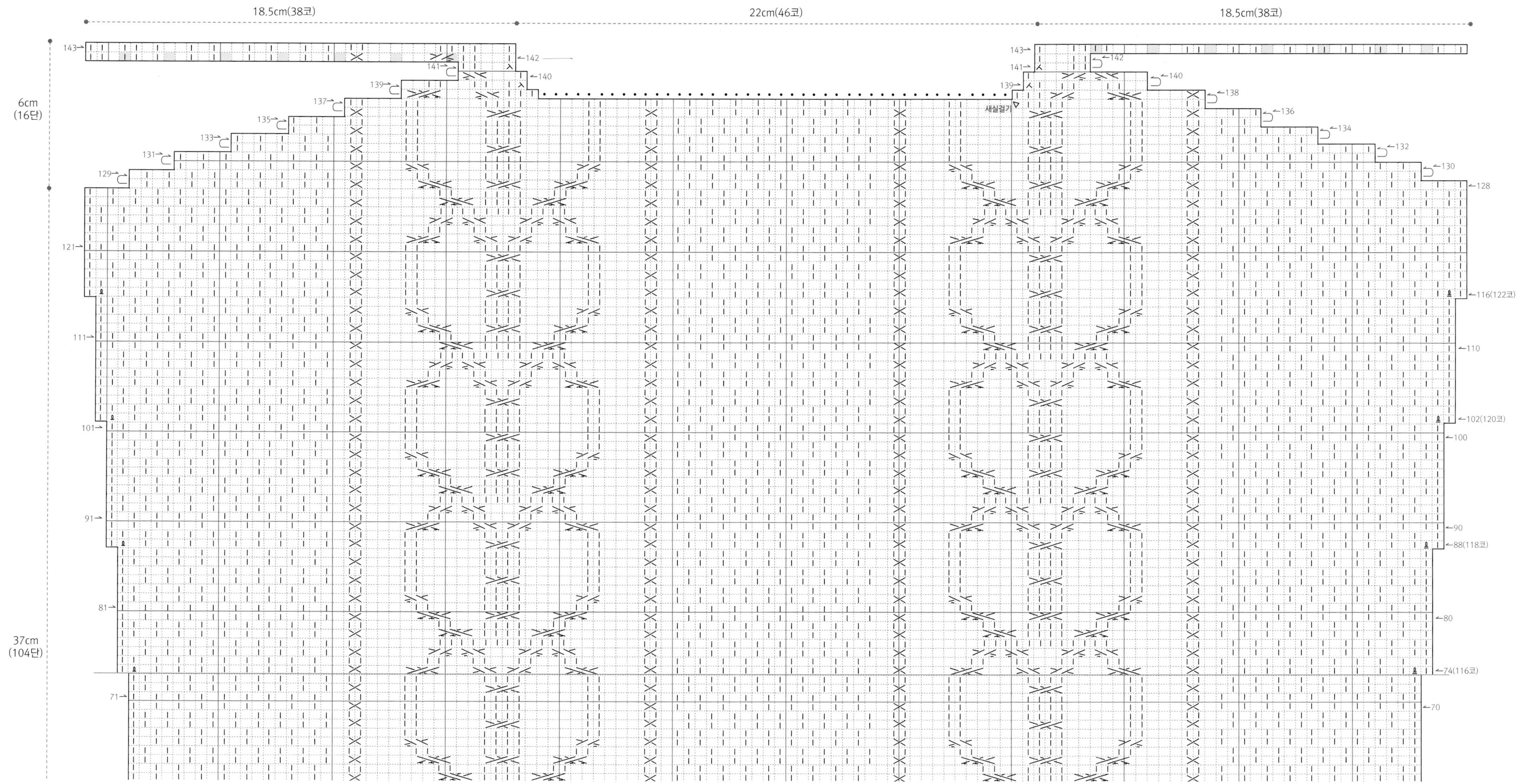

진동둘레 에징뜨기

아란무늬 판초 베스트 앞판

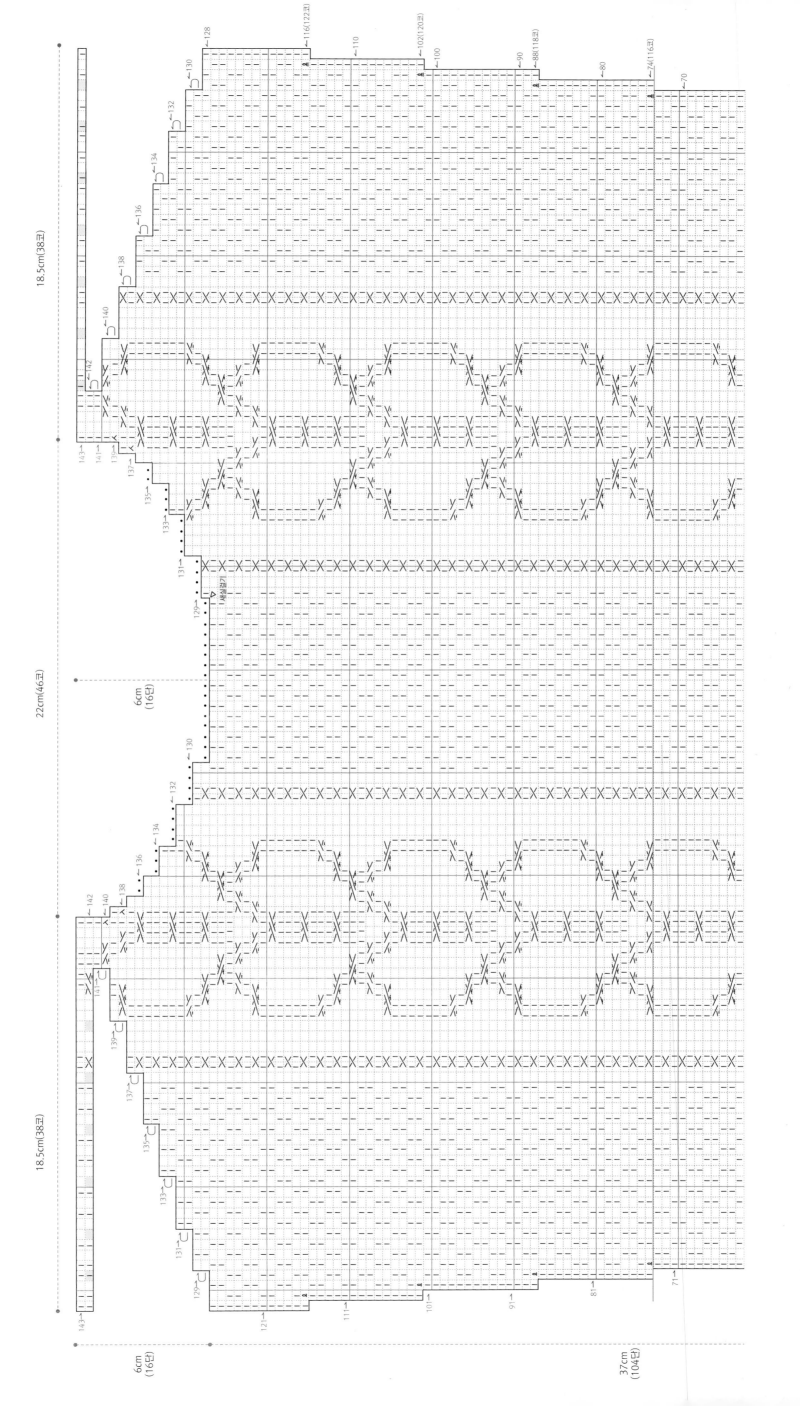

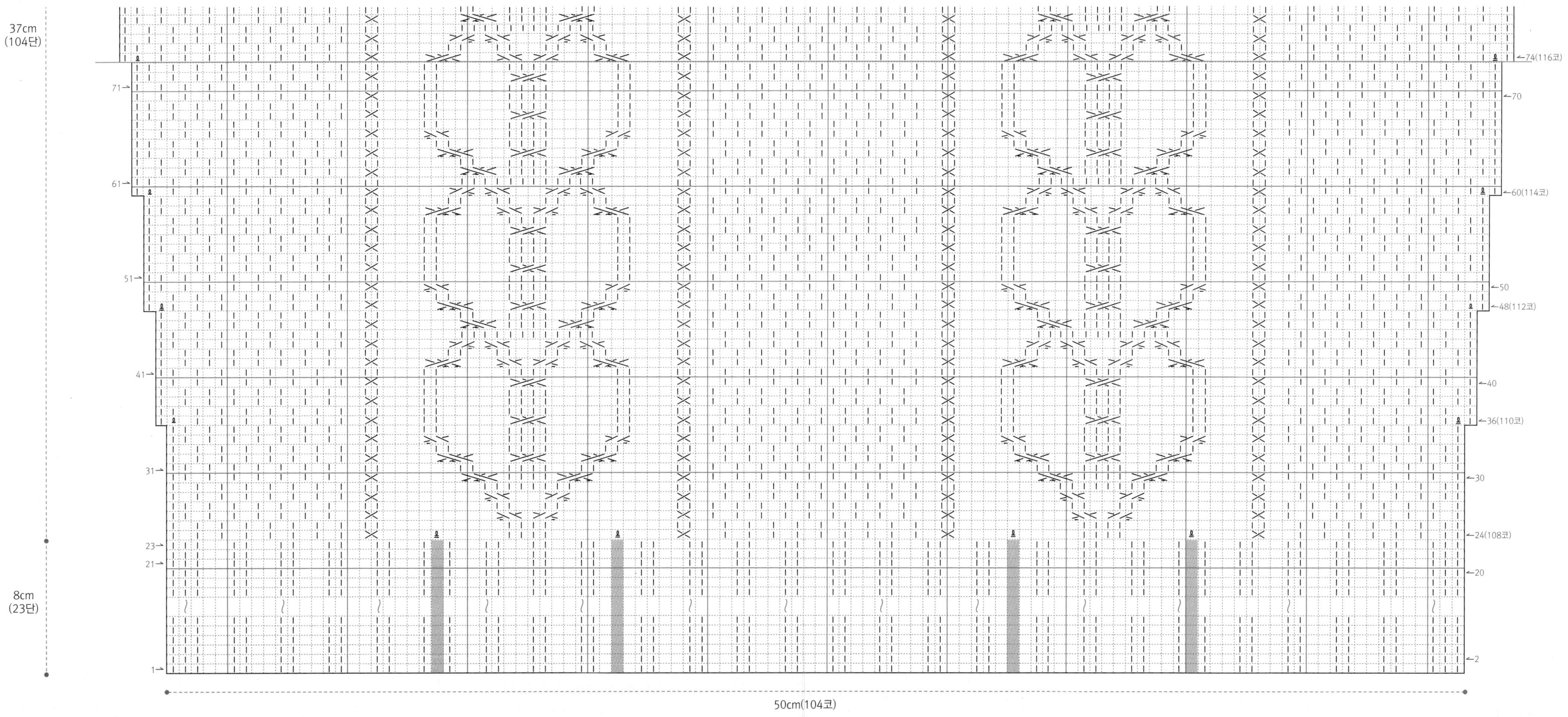

37cm
(104단)

8cm
(23단)

50cm(104코)

범례
- 겉뜨기
- 안뜨기
- 왼코 줄이기
- 오른코 줄이기
- 걸뜨기로 코막음
- 걸뜨기로 코막음 늘리기
- 꿰어늘려 걸뜨기로 늘리기
- 1(겉)대1(겉) 오른코 위 교차뜨기
- 2(겉)대1(안) 왼코 위 교차뜨기
- 2(겉)대1(안) 오른코 위 교차뜨기
- 2(겉)대2(겉) 왼코 위 교차뜨기
- 2(겉)대2(안) 왼코 위 교차뜨기
- 2(겉)대2(안) 오른코 위 교차뜨기
- 없는 코
- 새실 걸기

아란무늬 에코백

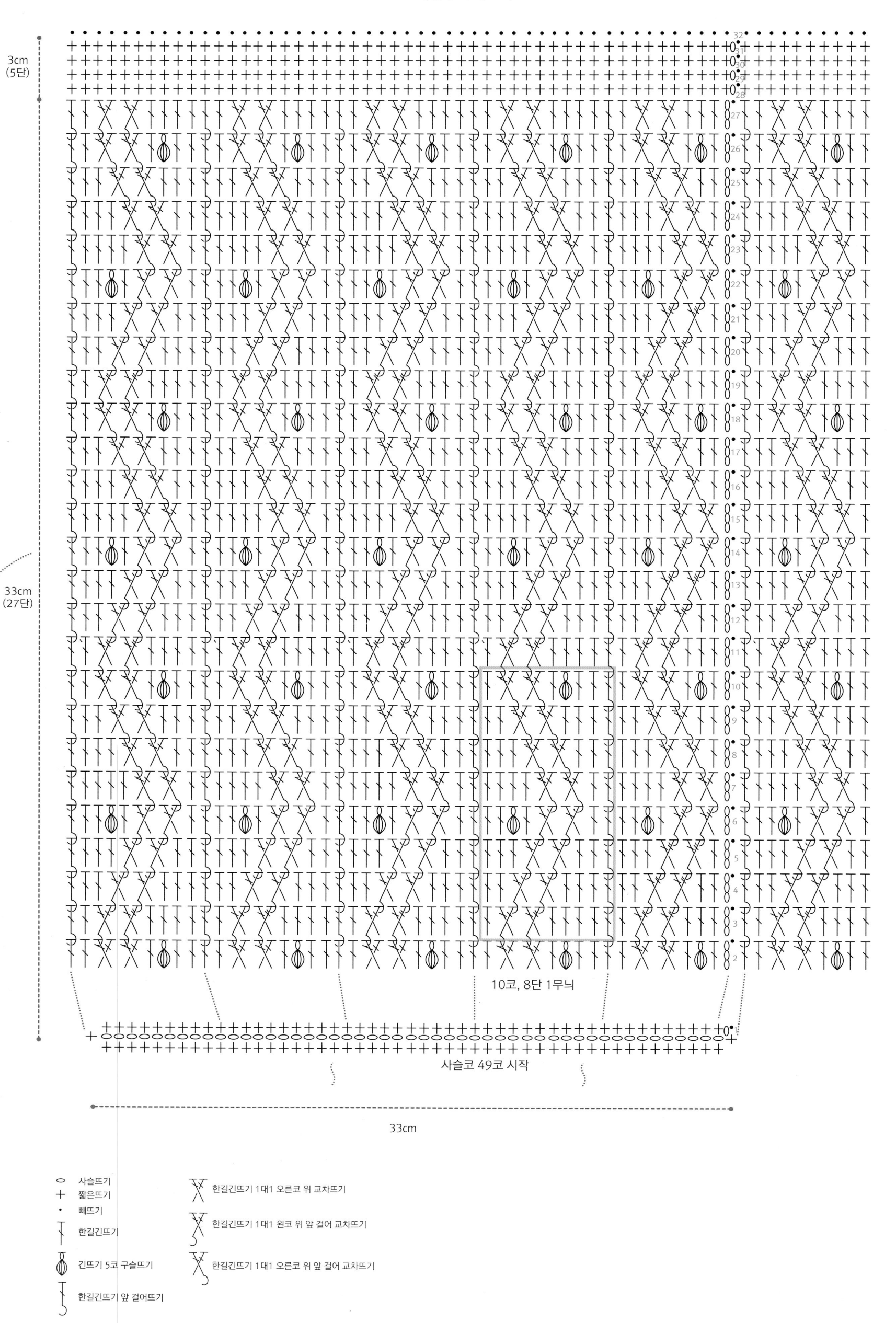

3cm
(5단)

33cm
(27단)

10코, 8단 1무늬

사슬코 49코 시작

33cm

o	사슬뜨기		한길긴뜨기 1대1 오른코 위 교차뜨기
+	짧은뜨기		한길긴뜨기 1대1 왼코 앞 걸어 위 교차뜨기
·	빼뜨기		
	한길긴뜨기		한길긴뜨기 1대1 오른코 위 앞 걸어 교차뜨기
	긴뜨기 5코 구슬뜨기		
	한길긴뜨기 앞 걸어뜨기		

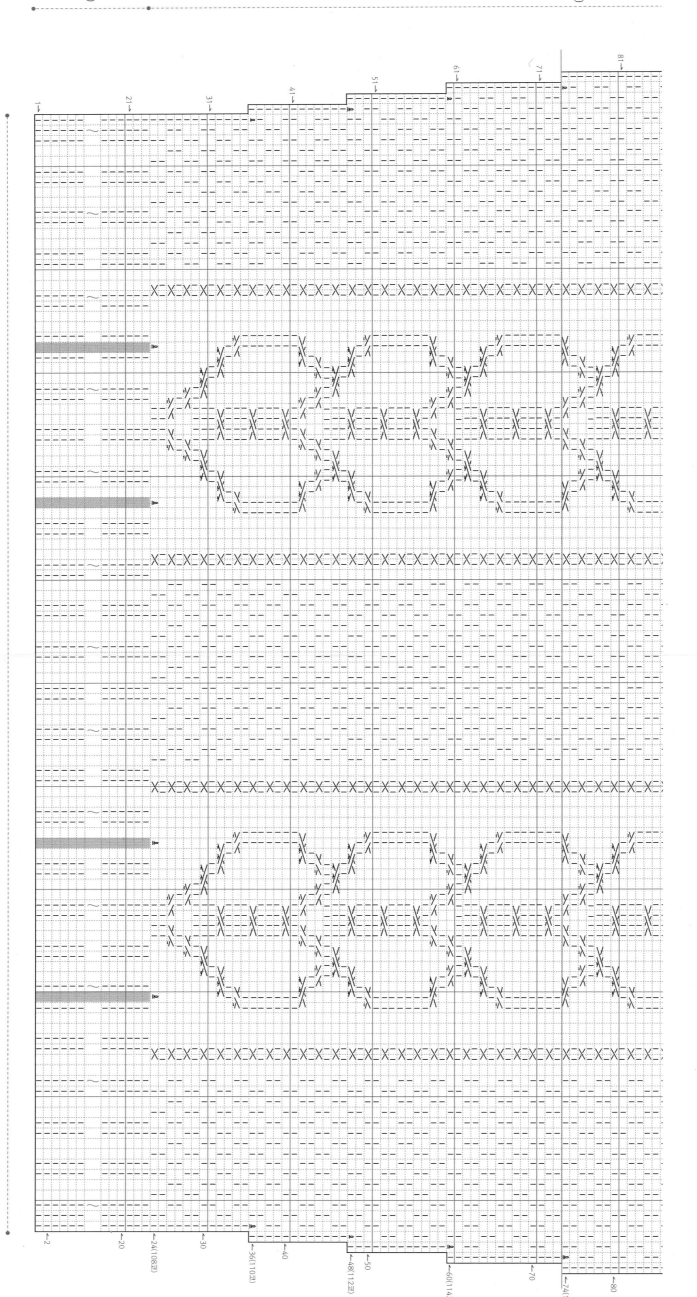